2017年度

全国农业科研机构年度工作报告

中国农业科技管理研究会
农业农村部科技发展中心 编著

中国农业科学技术出版社

图书在版编目（CIP）数据

全国农业科研机构年度工作报告．2017年度 / 中国农业科技管理研究会，农业农村部科技发展中心编著．—北京：中国农业科学技术出版社，2018.12

ISBN 978-7-5116-3819-9

Ⅰ．①全…　Ⅱ．①中…　②农…　Ⅲ．①农业科学—科学研究组织机构—研究报告—中国—2017　Ⅳ．①S-242

中国版本图书馆CIP数据核字（2018）第181832号

责任编辑　张志花
责任校对　马广洋

出 版 者　中国农业科学技术出版社
北京市中关村南大街12号　邮编：100081
电　　话　（010）82106636（编辑室）（010）82109702（发行部）
（010）82109709（读者服务部）
传　　真　（010）82106631
网　　址　http://www.castp.cn
经 销 者　各地新华书店
印 刷 者　北京地大天成印务有限公司
开　　本　889毫米×1194毫米　1/16
印　　张　9.5
字　　数　190千字
版　　次　2018年12月第1版　2018年12月第1次印刷
定　　价　128.00元

编辑委员会

前 言

为了及时反映我国农业科研机构改革与发展状况，我们根据科技部提供的地市级以上农业科研机构年度统计数据和全国省级以上农（牧、垦）业科学院征集的资料，组织编印了《全国农业科研机构年度工作报告（2017年度）》。

本报告分为两个部分，第一部分为基础数据汇总分析，主要反映全国地市级以上（含地市级）农业科研机构、人员、经费、课题、基本建设和固定资产、论文与专利、研究与开发活动、对外科技服务情况等数据，并附相应的图表。第二部分为省级以上农科院年度工作报告，由省级以上农业科研单位提供，主要反映省级以上农业科研机构的基本情况和年度科研工作取得的成效。

本报告旨在加强宣传与交流，为各级农业主管部门以及广大的农业科技工作者研究、分析和掌握科研机构的工作成效提供翔实资料和依据。由于经验不足，水平有限，不当之处敬请谅解。

编著者

2018 年 11 月

目录

第一部分 统计数据分析

第二部分 省级以上农科院年度工作报告

第一部分｜统计数据分析

一 机构

2017 年全国地市级以上（含地市级）农业部门属全民所有制独立研究与开发机构（不含科技情报机构，以下简称“科研机构”）共有 1 035 个，绝对数比上年增加 42 个。其中部属科研机构 71 个 (含部属“三院”及中国兽医药品监察所、全国农业技术推广服务中心、农业农村部规划设计研究院、农业农村部农业机械试验鉴定总站、中国动物疫病预防控制中心、农业农村部优质农产品开发服务中心、农业农村部农业生态与资源保护总站、农业农村部农药检定所及全国畜牧总站）；省属科研机构 437 个，比上年增加 1 个；地市属科研机构 527 个，绝对数比上年增加 22 个。部属、省属和地市属科研机构数量分别占科研机构总数的 6.86%、42.22%、50.92%。种植业绝对数比上年增加 49 个，畜牧业绝对数与上年增加 8 个，渔业绝对数与上年相同，农垦绝对数比上年增加 3 个，农机化绝对数比上年减少 18 个。种植业、畜牧业、渔业、农垦、农机化科研机构分别占科研机构总数的 64.54%、12.75%、9.47%、4.35%、8.89%（图 1-1 至图 1-8）。

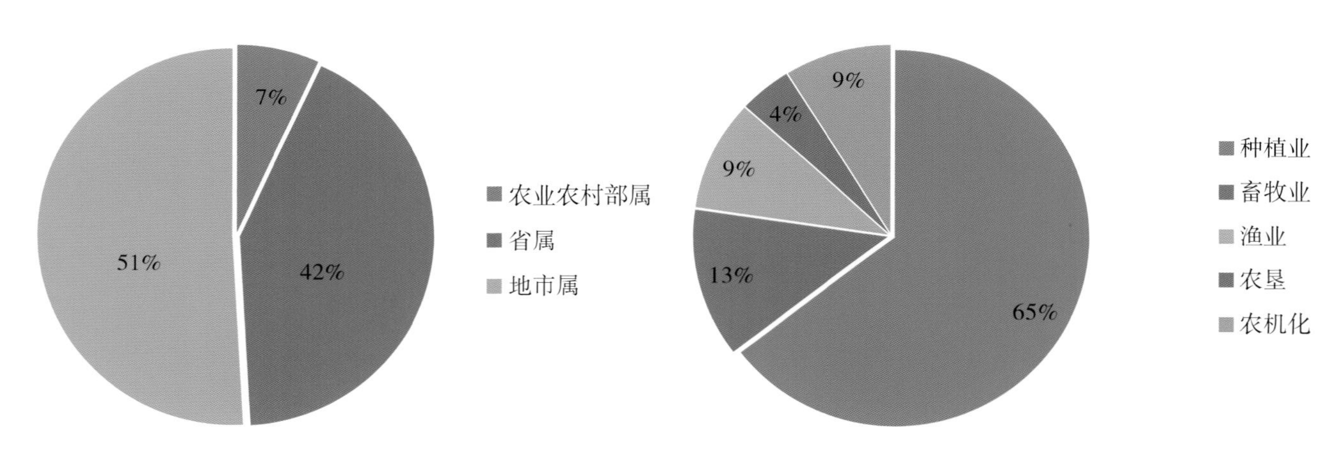

图 1-1　部属、省属和地市属科研机构数量比重

图 1-2　各行业在科研机构中所占比重

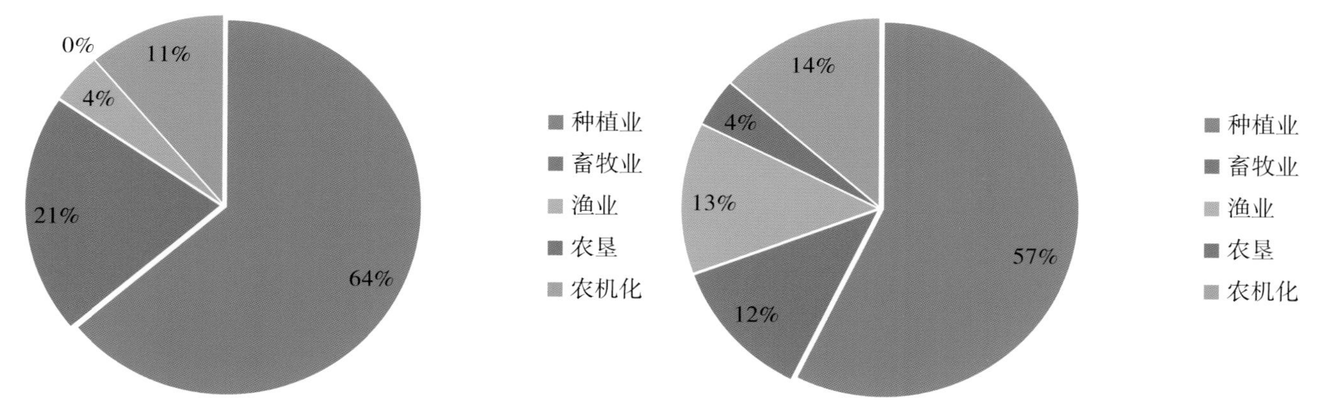

图 1-3　华北地区各行业在科研机构中所占比重　　图 1-4　东北地区各行业在科研机构中所占比重

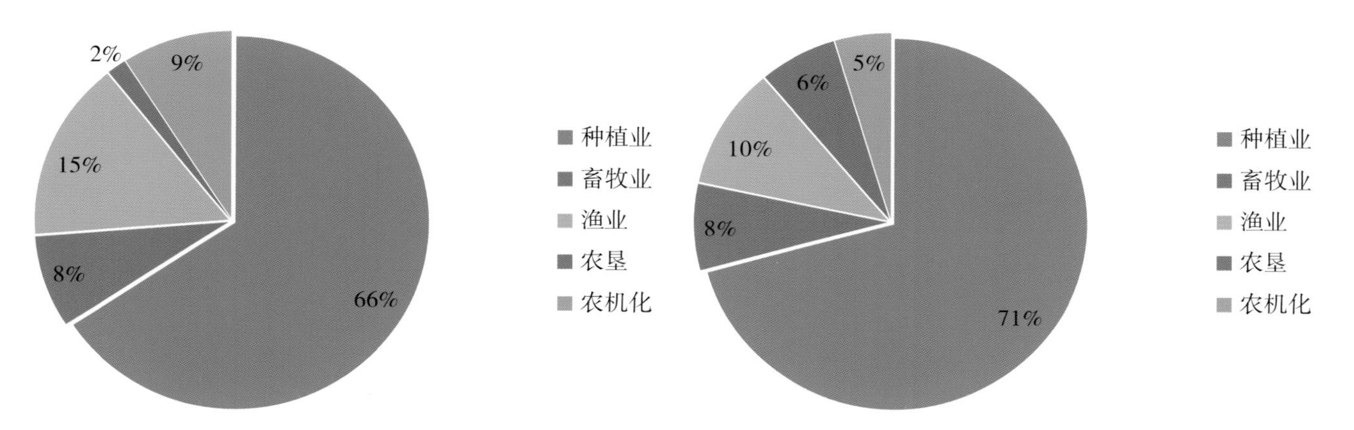

图 1-5　华东地区各行业在科研机构中所占比重　　图 1-6　中南地区各行业在科研机构中所占比重

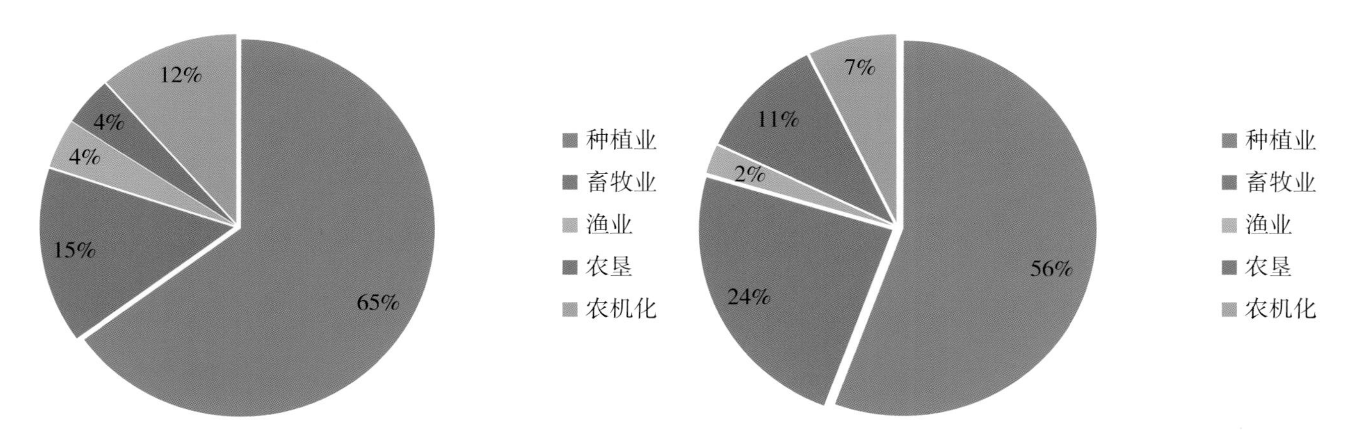

图 1-7　西南地区各行业在科研机构中所占比重　　图 1-8　西北地区各行业在科研机构中所占比重

二 人员

1. 全国农业科研机构人员构成情况

2017 年，全国农业科研机构职工及从事科技活动人员分别为 8.54 万人和 6.90 万人。科研机构职工人数同比增加了 1.91%，从事科技活动人员同比增加了 3.19%。在从事科技活动人员中，科技管理人员占 15.85%，比上年增加了 6.79%；课题活动人员占 66.92%，比上年增加了 3.18%；科技服务人员占 17.23%，比上年增加了 0.12%。在从业人员中，从事生产经营活动人员占 7.36%，比上年减少了 8.06%。离退休人员比上年增加 0.86%。农业农村部属科研机构职工占从业人员的 17.44%，比上年增加了 24.27%；省属科研机构职工占从业人员的 49.37%，比上年减少了 1.54%；地市属科研机构职工占从业人员的 33.19%，比上年减少 2.23%。从行业来看，种植业科研机构职工最多，占从业人员的 66.46%；农机化科研机构职工最少，占从业人员的 4.95%（图 1-9 至图 1-11）。

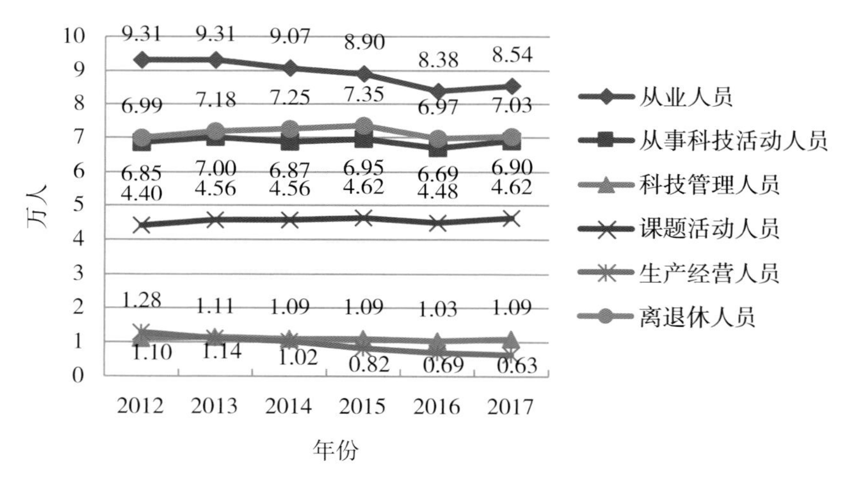

图 1-9　2012—2017 年全国农业科研机构人员变化趋势

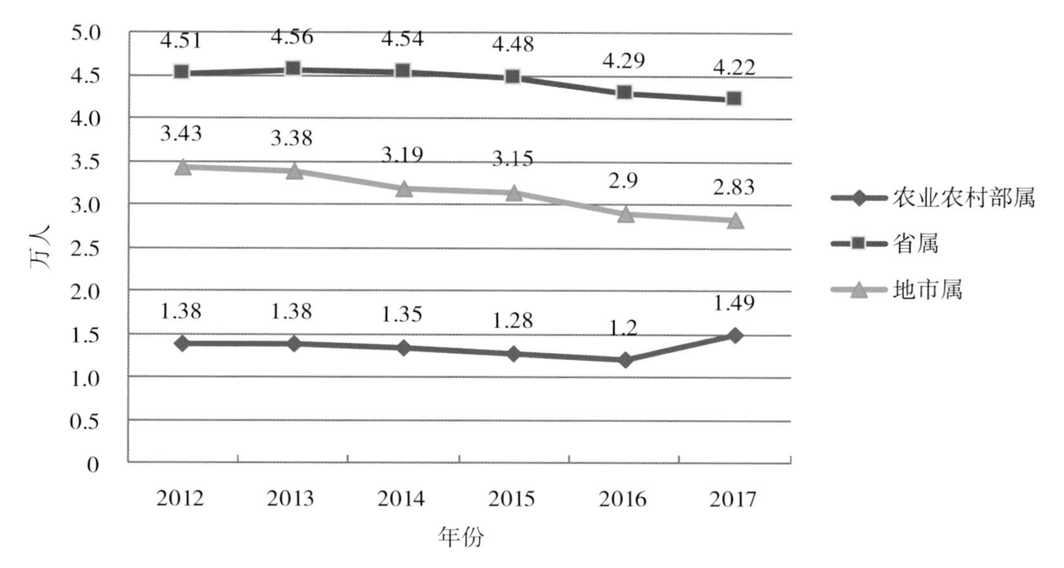

图 1-10　2012—2017 年农业农村部属、省属、地市属农业科研机构人员变化趋势

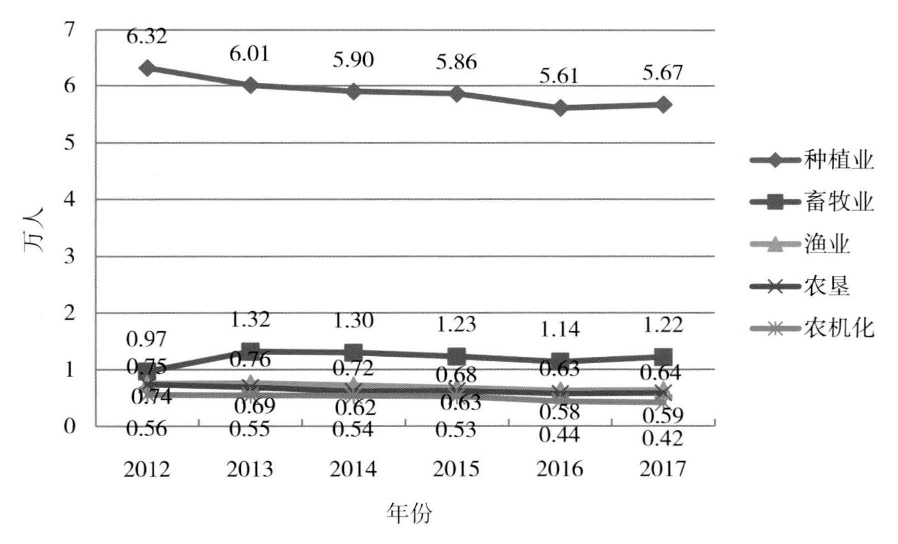

图 1-11　2012—2017 年从事种植业、畜牧业、渔业、农垦、农机化科研机构人员变化趋势

2. 全国农业科研机构从事科技活动人员学位、学历和职称情况

2017 年全国农业科研机构从事科技活动的人员总数为 6.90 万人，比上年同比增加了 3.19%。其中，具有大专及其以上学历的有 6.24 万人（62 377 人），占从事科技活动总人数的 90.42%，比上年增加 4.12%。具有中高级职称人员 4.78 万人（47 774 人），占从事科技活动总人数的 69.25%，比上年增加 3.72%。高级、中级和初级职称人员数量比例为 1∶0.93∶0.43 (图 1-12、图 1-13)。

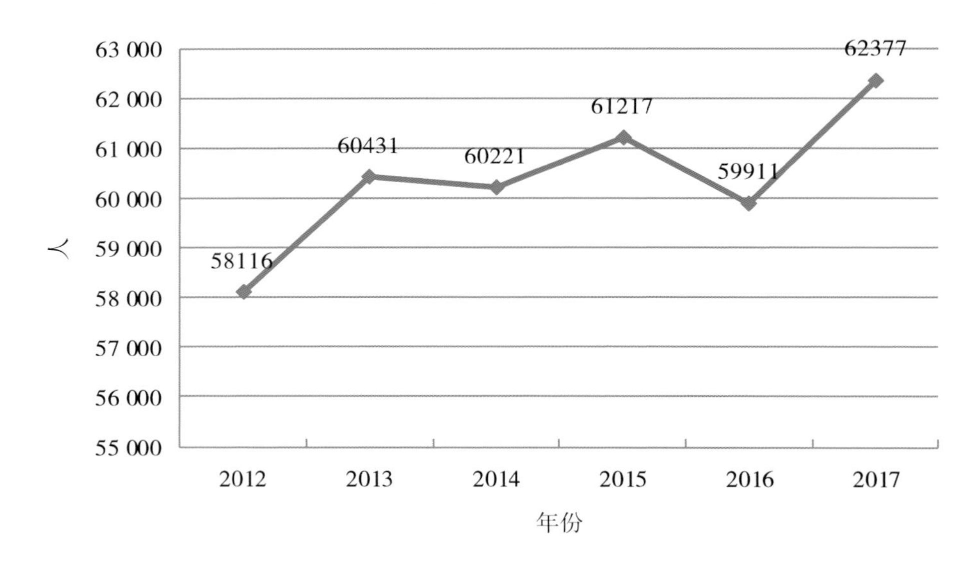

图 1-12　2012—2017 年具有大专及以上学历人员变化趋势

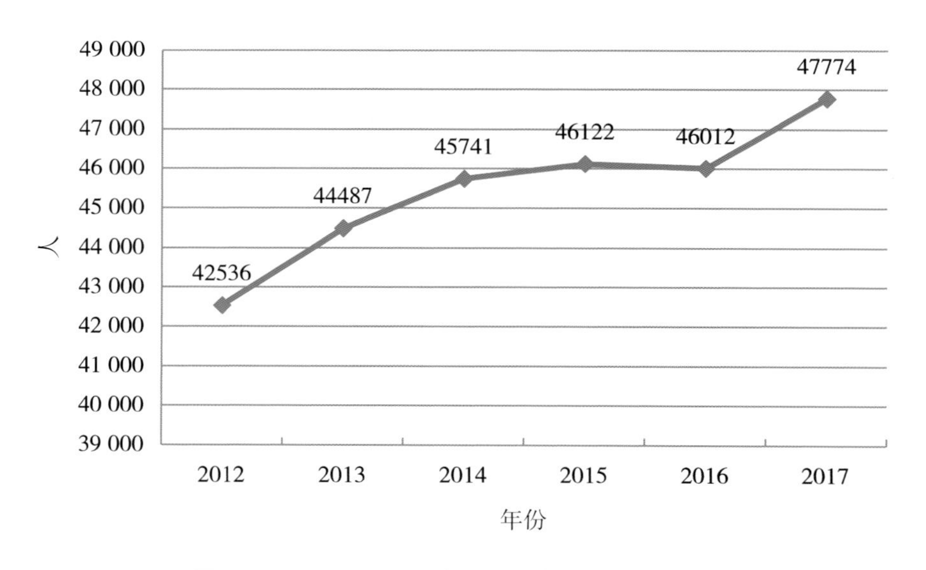

图 1-13　2012—2017 年具有中高级职称人员变化趋势

3. 全国农业科研机构人员流动情况

2017 年全国农业科研机构新增人员 3 303 人，比上年同比减少 5.60%。其中应届高校毕业生占新增人员的 43.90%，比上年增加 1.83%。新增人员主要集中在省属机构中，占 53.86%。同年，减少人员 4 511 人，主要为离退休人员，占减少人员总数的 48.81%；其次是流向企业和研究院所，分别占减少人员总数的 5.68%和 6.32%，流向企业和研究院所的以省属机构人员为主，分别占到 58.98% 和 52.63%。(图 1-14、图 1-15)。

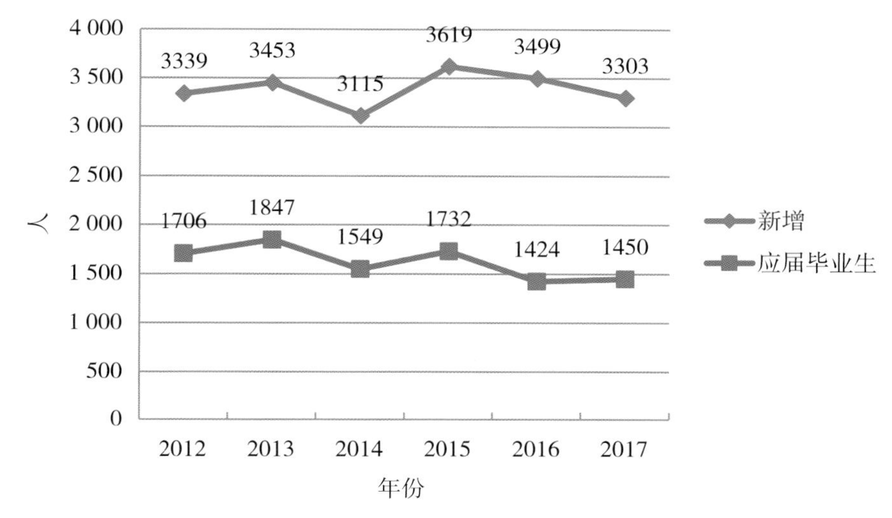

图 1-14　2012—2017 年全国农业科研机构新增人员与新增人员中应届高校毕业生的变化趋势

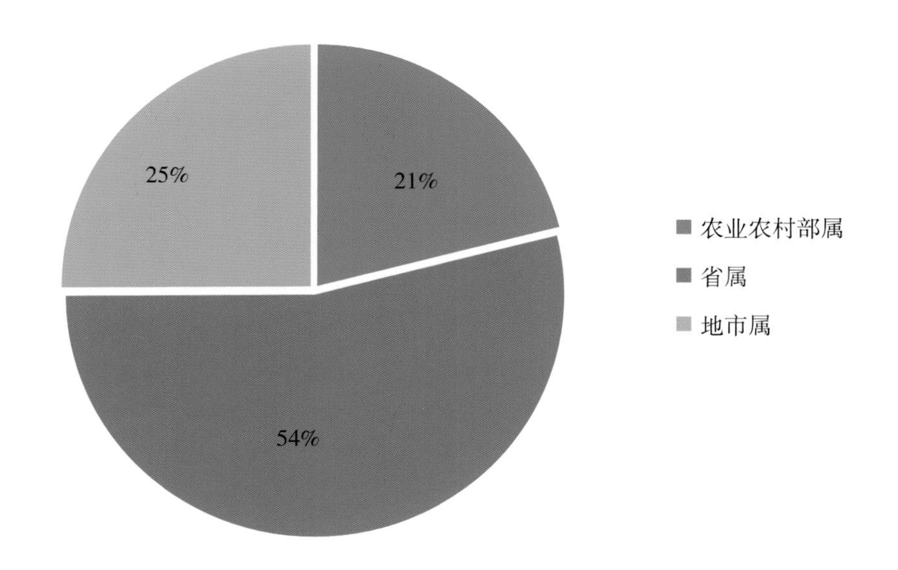

图 1-15　2017 年农业农村部属、省属、地市属农业科研机构新增人员的比重

三 经费

1. 全国农业科研机构经常费收入情况

2017 年全国农业科研机构总收入 332.84 亿元，比上年同比增长了 7.86%。国家对农业科技投入为 250.53 亿元，占年总收入的 75.27%，比上年增长 6.13%。非政府资金收入为 41.77 亿元，占年总收入的 12.55%，比上年增加了 23.79%。部属科研机构年总收入比上年同比增加 23.92%，其中国家拨款占部属科研机构年总收入的 71.81%，生产经营收入占部属机构年总收入的 1.37%。就行业来看，政府拨款中种植业占的比重最大，为 65.40%（图 1-16）。

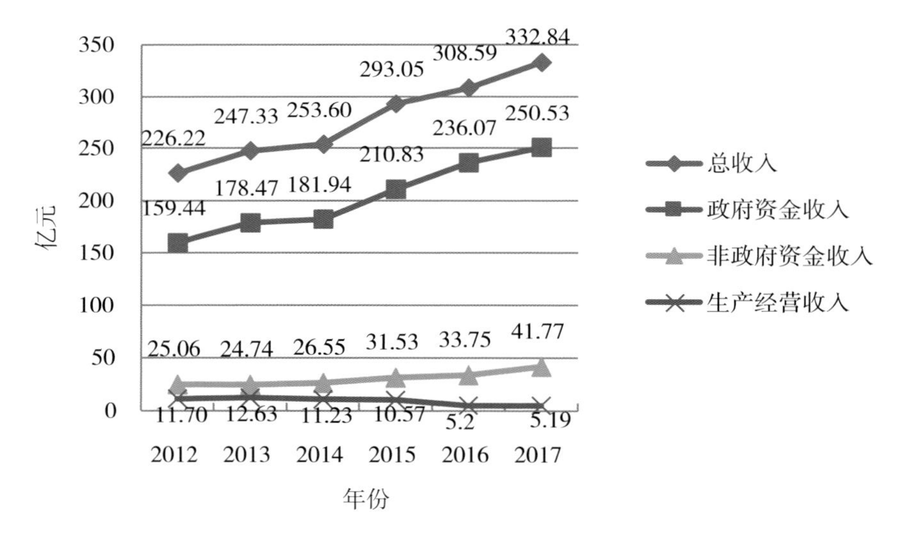

图 1-16　2012—2017 年全国农业科研机构收入状况的变化趋势

2. 全国农业科研机构经常费支出

2017 年全国农业科研机构经费内部支出总计 308.64 亿元，比上年同比增加了 13.86%。从整体支出项目来看，科技活动支出最多，占总支出的 84.81%（图 1-17）。

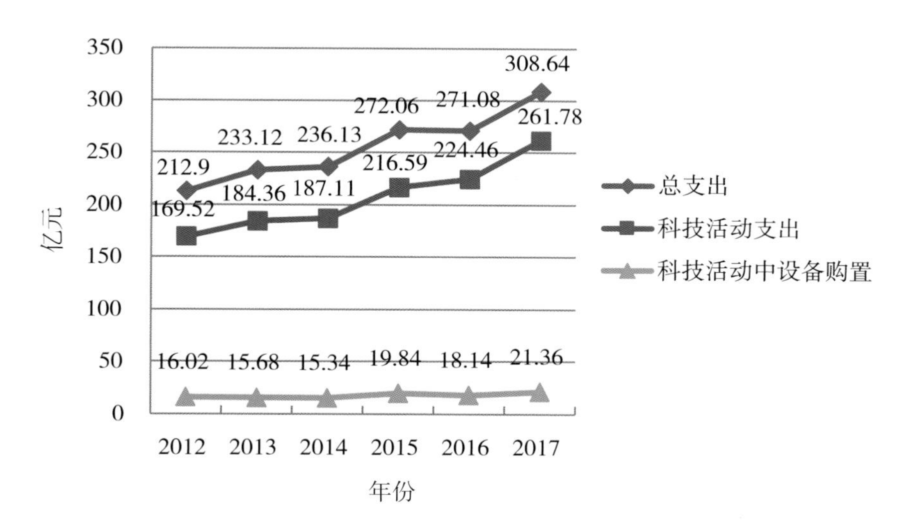

图 1-17　2012—2017 年全国农业科研机构经费内部支出状况的变化趋势

四　基本建设和固定资产情况

2017 年全国农业科研机构基本建设投资实际完成额 32.51 亿元，比上年同比增加 5.61%，其中科研土建工程实际完成额所占比重最大，占基本建设总投资额的 53.42%，比上一年增长 5.91%。科研基建完成额 30.89 亿元，比上年同比增加 9.16%，其中政府拨款 27.22 亿元，占科研基建的 88.13%，比上年增加 28.93%。从行业来看，种植业的基本建设投资实际完成额所占比重最大，占 63.06%，但比上年增加 11.80%。

2017 年全国农业科研机构年末固定资产原价 397.74 亿元，比上年同比增加 17.83%。其中科研房屋建筑物 144.63 亿元，占固定资产的 36.36%，比上年增加 16.80%；科研仪器设备 154.41 亿元，占固定资产的 38.82%，比上年增加 15.60%（图 1-18 至图 1-25）。

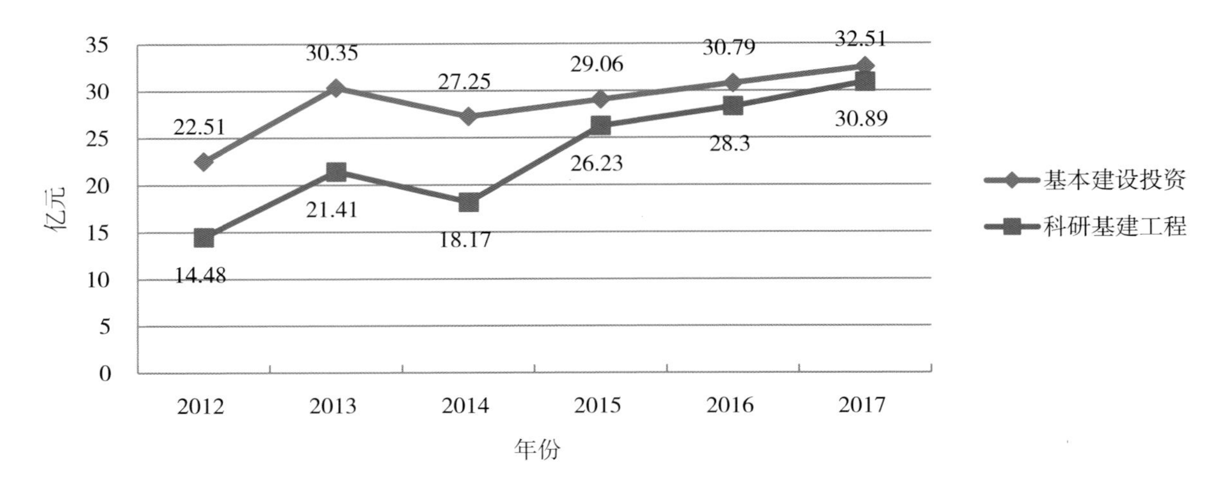

图 1-18　2012—2017 年全国农业科研机构基本建设投资与科研基建工程实际完成额的变化趋势

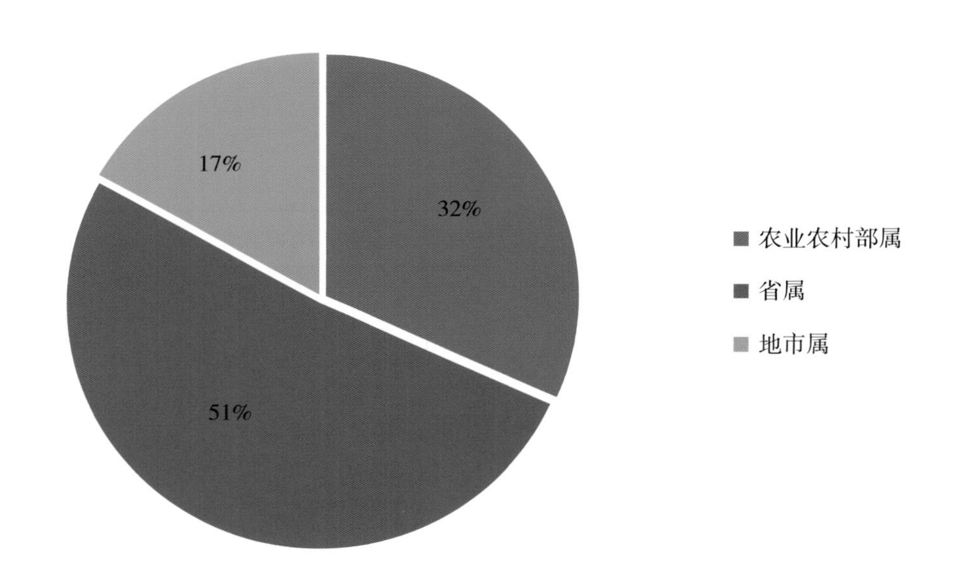

图 1-19　2017 年农业农村部属、省属、地市属科研机构基本建设投资实际完成额的比重

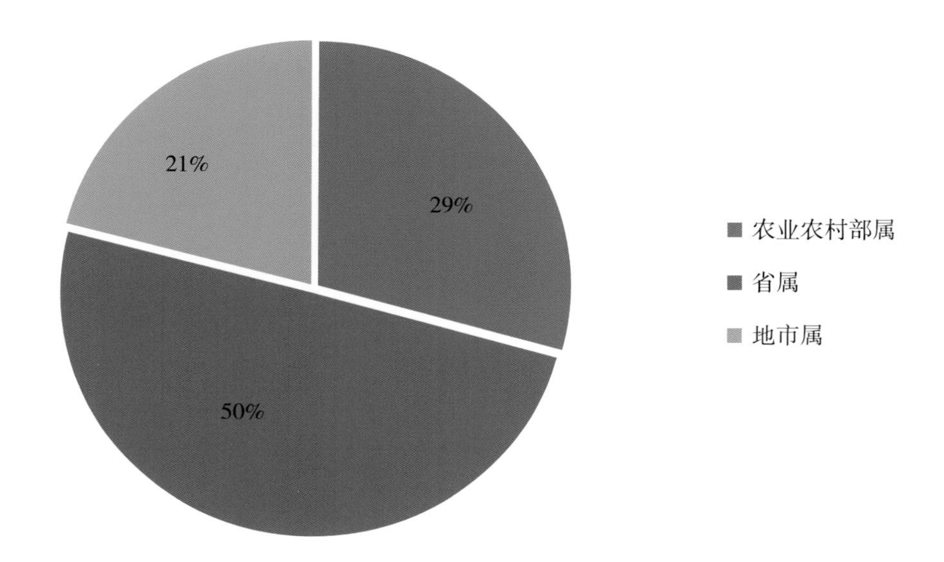

图 1-20　2017 年农业农村部属、省属、地市属科研机构科研土建工程实际完成额的比重

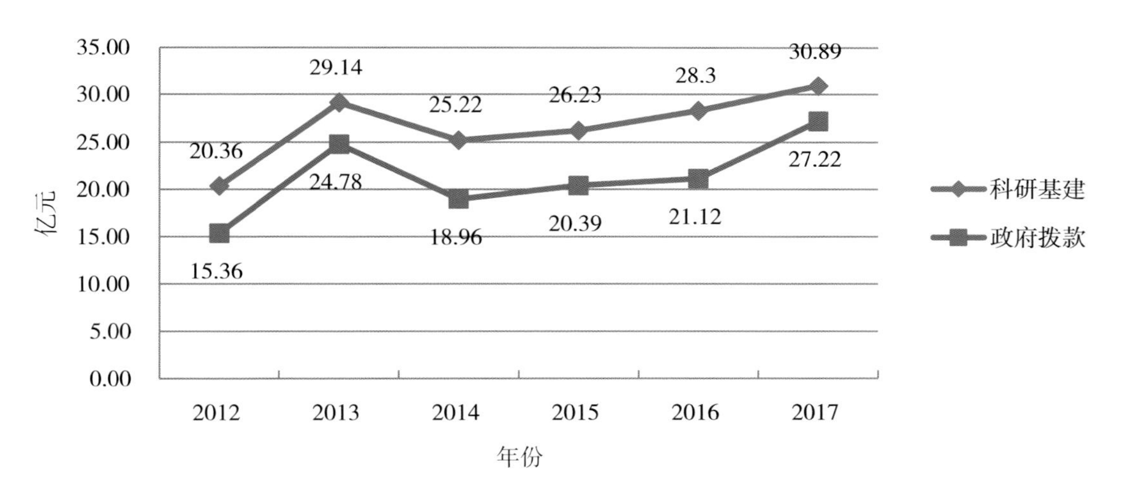

图 1-21　2012—2017 年全国农业科研机构科研基建与对科研基建的政府拨款状况变化趋势

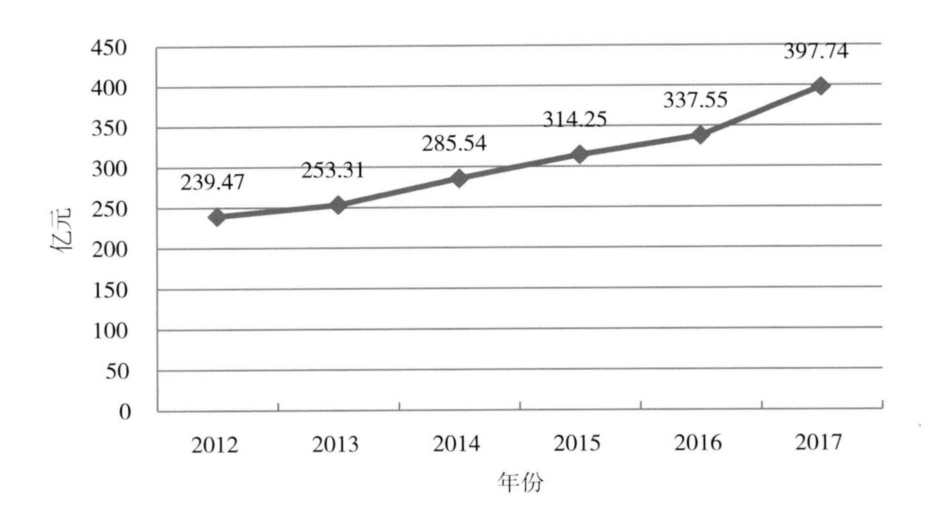

图 1-22　2012—2017 年全国农业科研机构年末固定资产原价的变化趋势

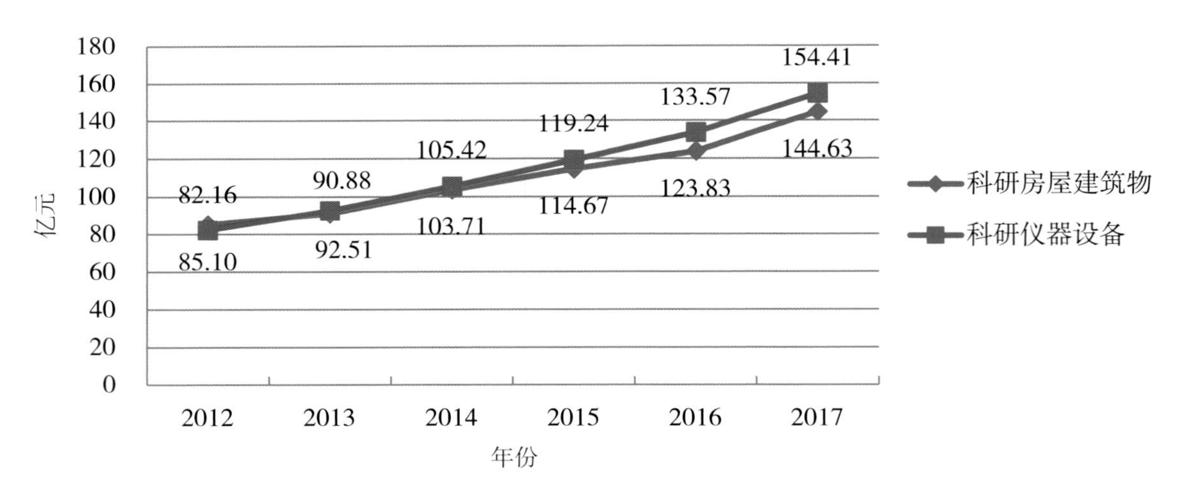

图 1-23　2012—2017 年全国农业科研机构科研房屋建筑物、科研仪器设备状况的变化趋势

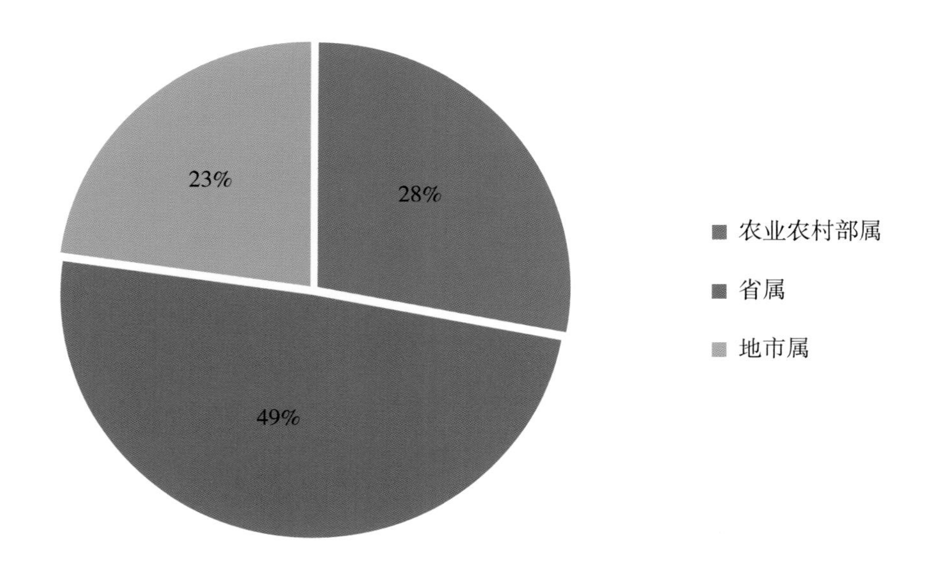

图 1-24　2017 年农业农村部属、省属、地市属农业科研机构科研房屋建筑物年末固定资产原价所占比重

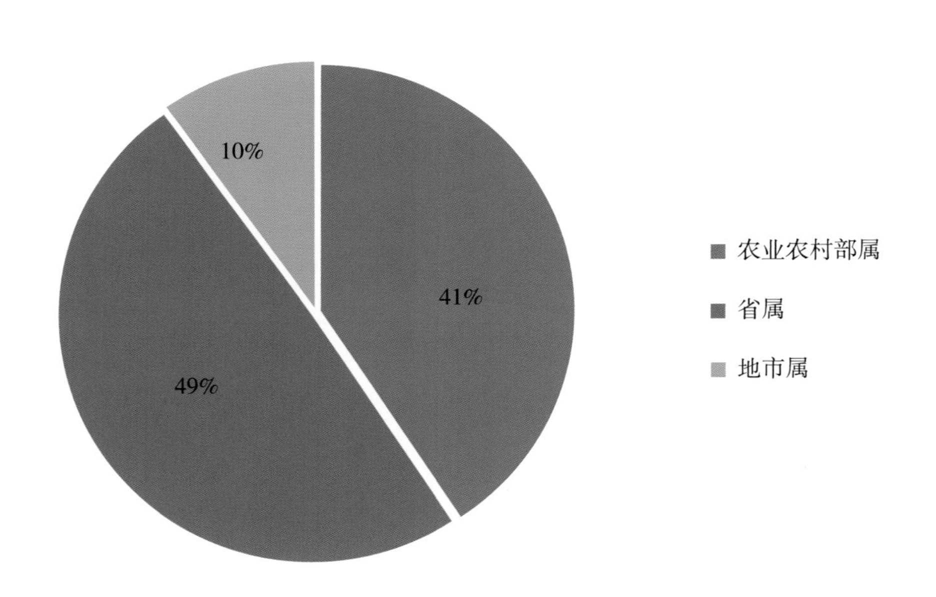

图 1-25　2017 年农业农村部属、省属、地市属农业科研机构科研仪器设备年末固定资产原价所占比重

五 课题

2017 年全国农业科研机构课题数量比上年同比减少 21.73%。课题经费内部支出 120.00 亿元，比上年同比增长 18.31%。投入人力折合全时工作量约为 5.29 万人年。在开展的课题中，试验发展类课题数量最多，占课题总数的 39.01%；其投入经费也最多，占经费内部支出的 43.49%，比上年增加了 9.41%（图 1-26 至图 1-33）。

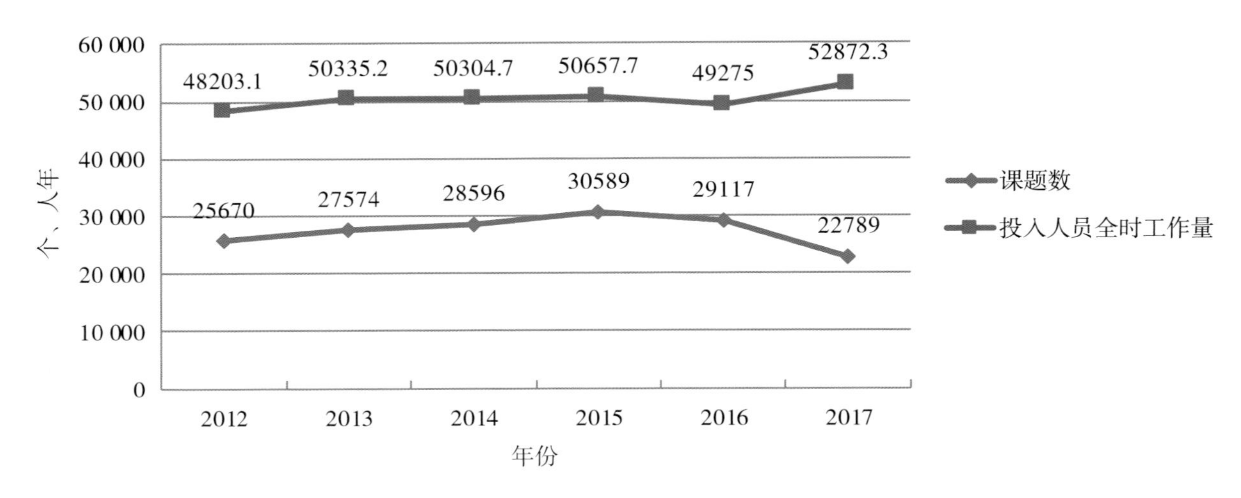

图 1-26　2012—2017 年全国农业科研机构课题数量与投入人员的变化趋势

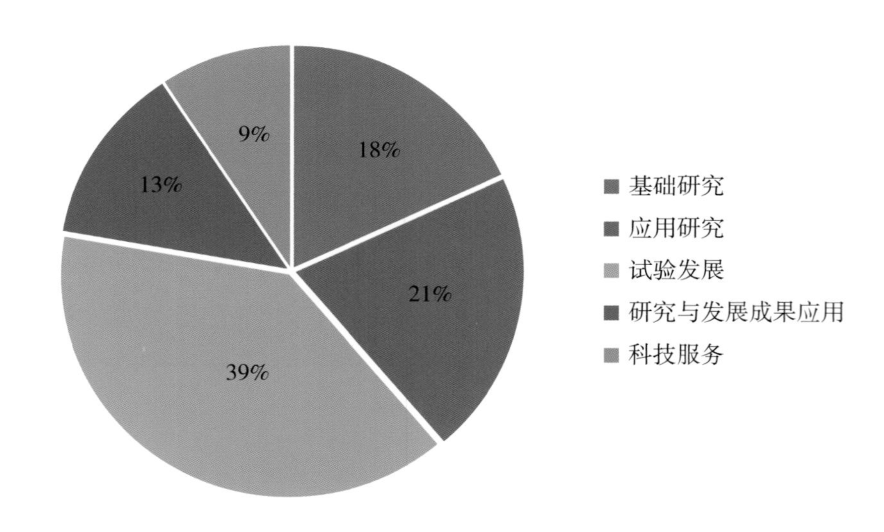

图 1-27　2017 年农业科研机构不同类型课题的课题数量与投入人员所占比重

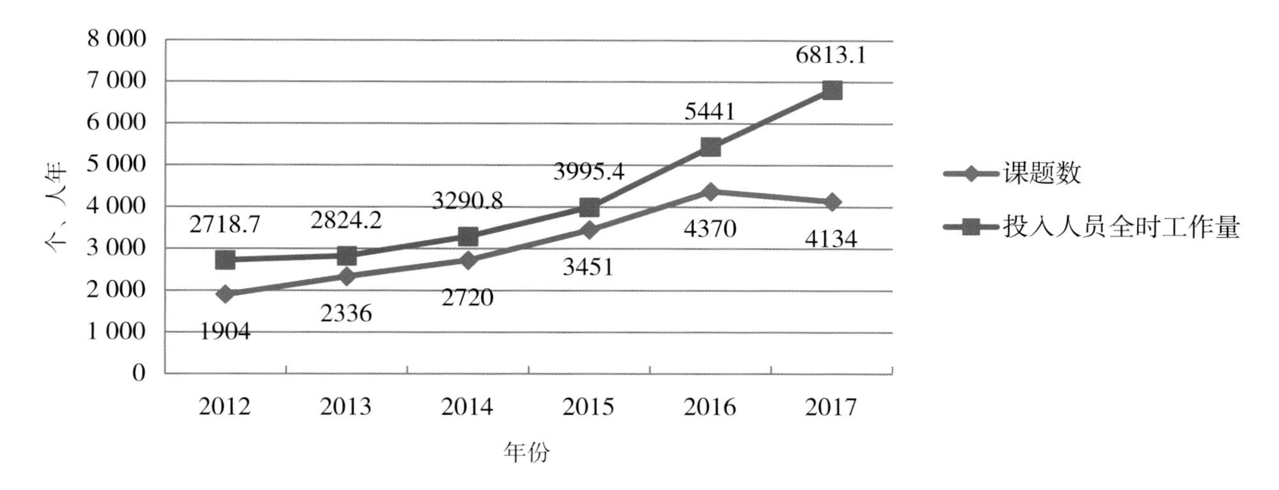

图 1-28　2012—2017 年农业科研机构中基础研究课题数量与投入人员的变化趋势

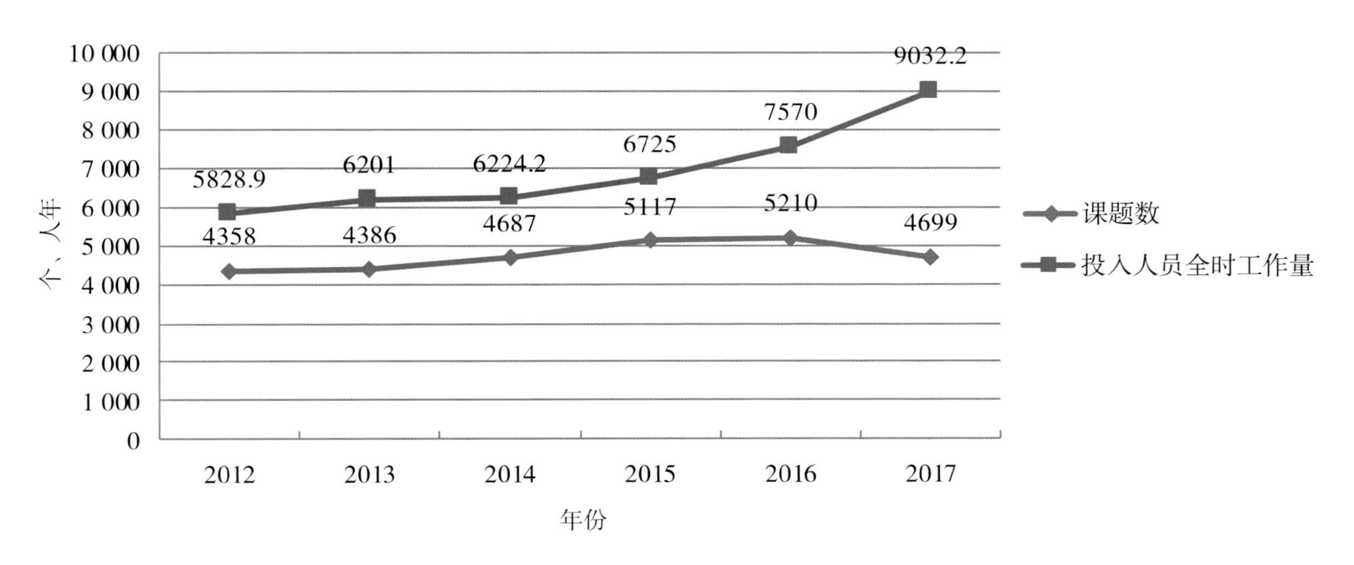

图 1-29　2012—2017 年农业科研机构中应用研究课题数量与投入人员的变化趋势

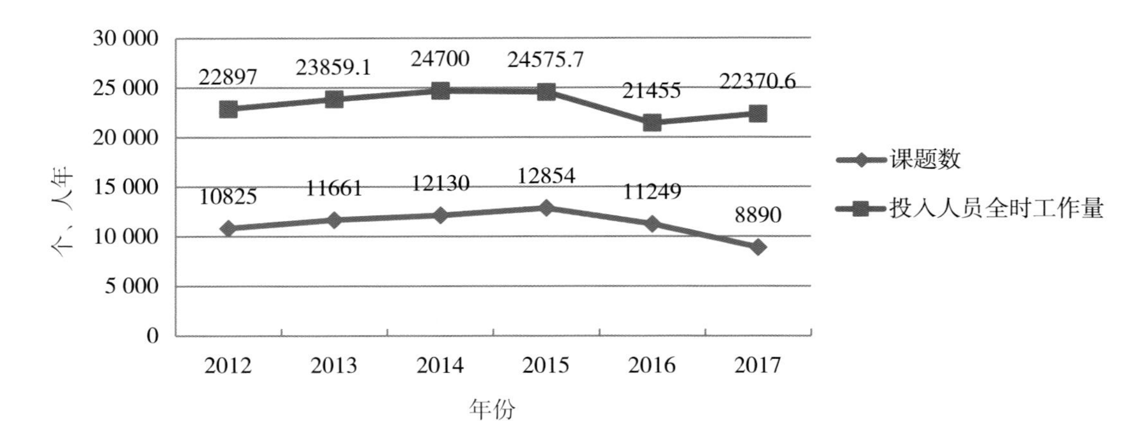

图 1-30 2012—2017 年农业科研机构中试验发展课题数量与投入人员的变化趋势

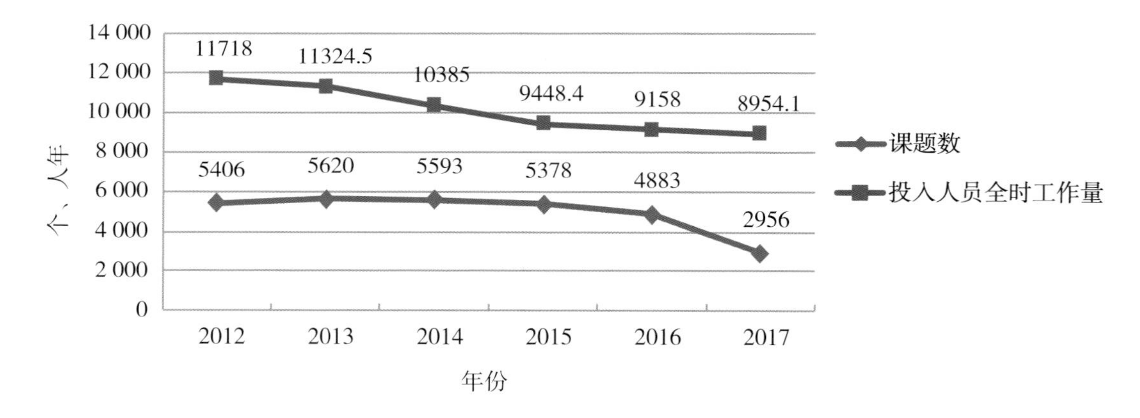

图 1-31 2012—2017 年农业科研机构中研究与发展成果应用课题数量与投入人员的变化趋势

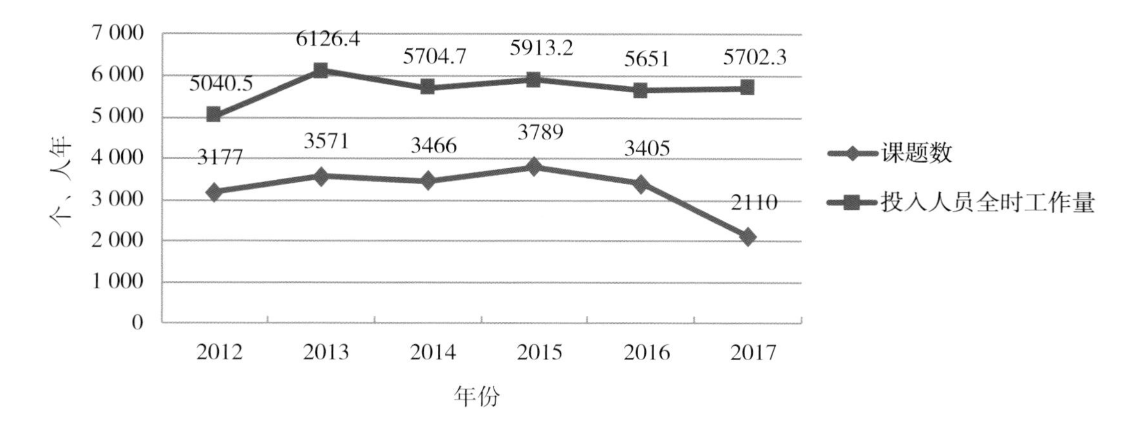

图 1-32　2012—2017 年农业科研机构中科技服务课题数量与投入人员的变化趋势

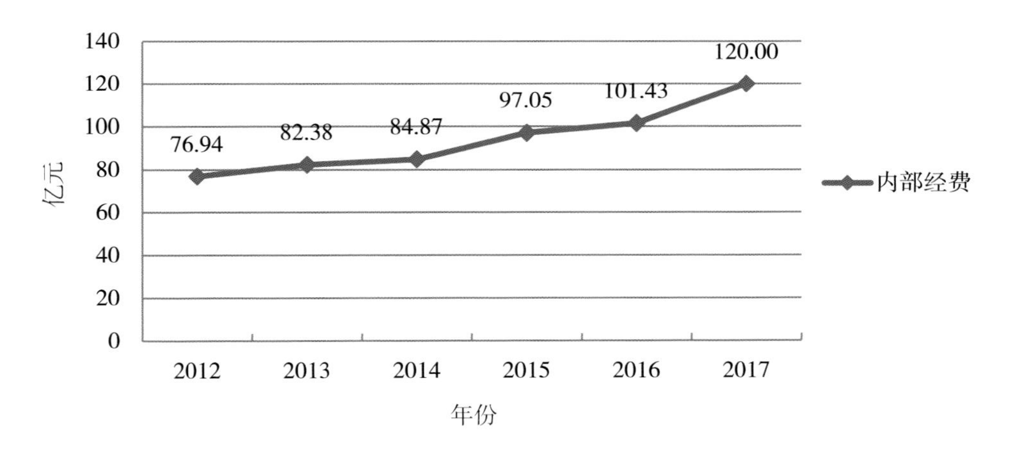

图 1-33　2012—2017 年全国农业科研机构课题经费内部支出的变化趋势

六 论文与专利

2017 年全国农业科研机构发表科技论文数量比上年同比增长 4.27%，其中在国外发表的论文数量占发表论文总数量的 18.85%，比上年增加 6.65%。出版的科技著作同比增长 12.43%。

2017 年全国农业科研机构专利申请受理总数比上年同比增加 17.33%，专利授权数量比上年同比增加 2.33%（图 1-34 至图 1-36）。

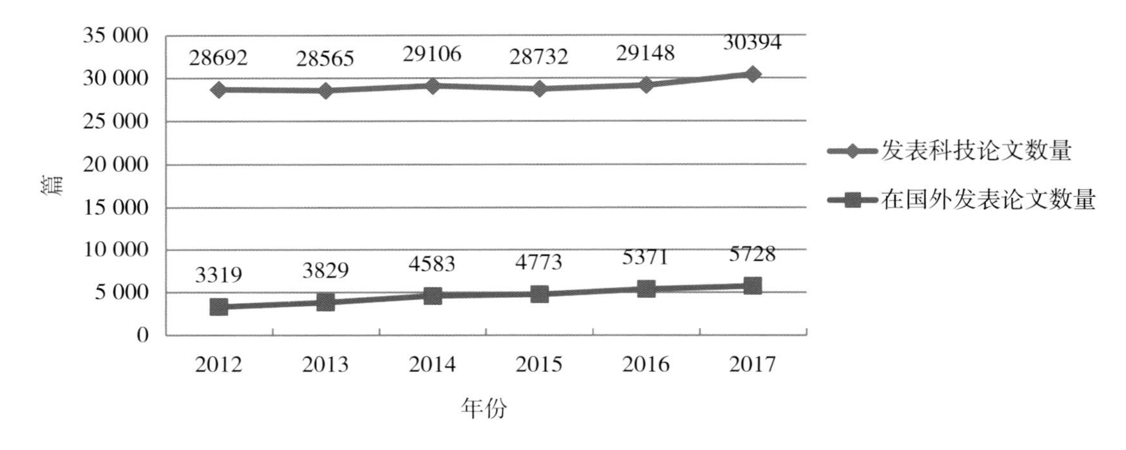

图 1-34　2012—2017 年全国农业科研机构发表科技论文数量及在国外发表论文数量的变化趋势

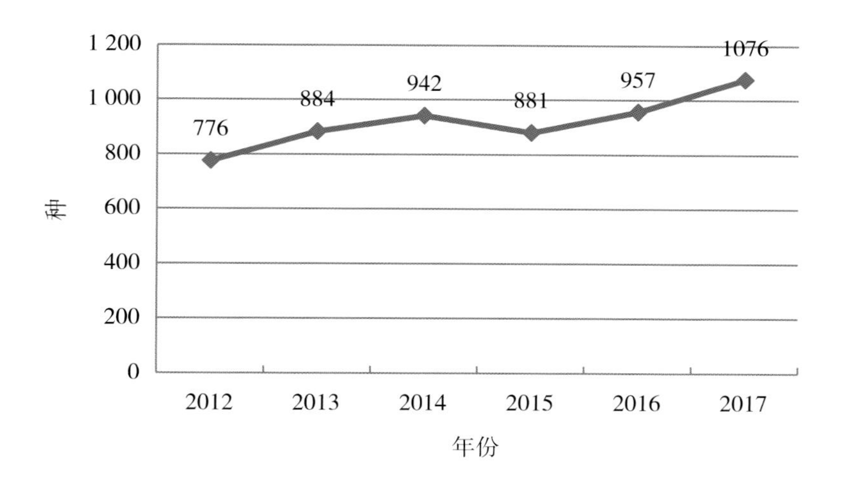

图 1-35　2012—2017 年全国农业科研机构出版科技著作的变化趋势

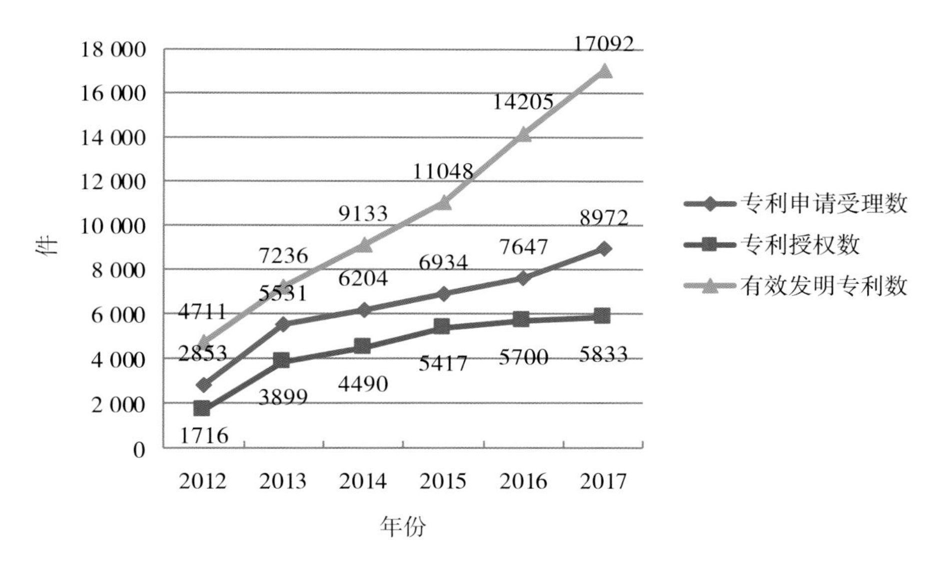

图 1-36　2012—2017 年全国农业科研机构专利申请受理数和授权数的变化趋势

七 R&D 活动情况

1. 全国农业科研机构 R&D 人员及工作量情况

2017 年全国农业科研机构 R&D 人员比 2016 年同比增加 6.79%，具有本科及其以上学历的人员 43 875 人，占总人数的 81.63%，比上年增加 7.57%。R&D 人员折合全时工作量 4.70 万人年，比上年同比增加 8.96%，其中研究人员折合全时工作量 3.55 万人年，占总数的 75.67%（图 1-37、图 1-38）。

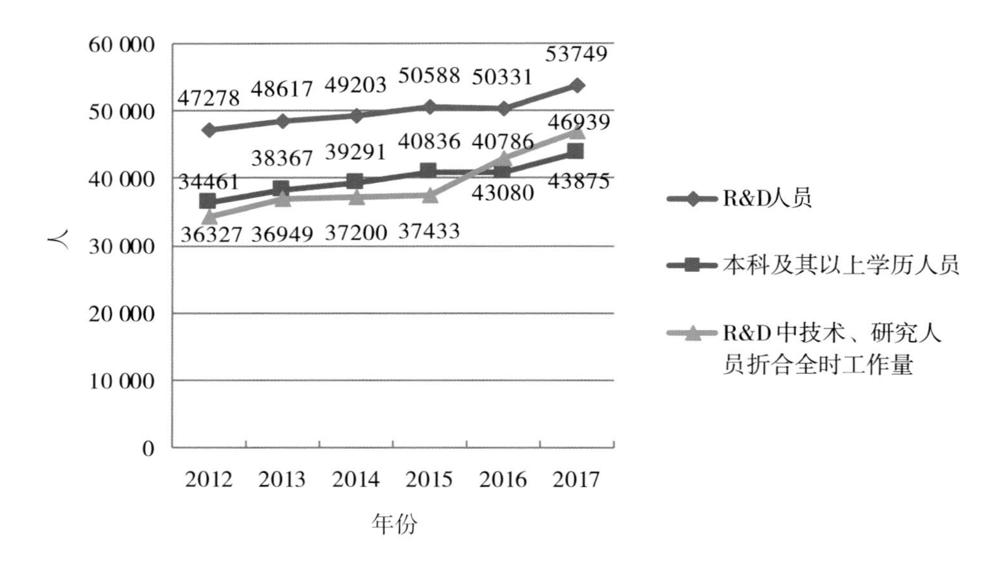

图 1–37 2012—2017 年全国农业科研机构 R&D 人员及其以上学历人员和 R&D 中技术、研究人员折合全时工作量的变化趋势

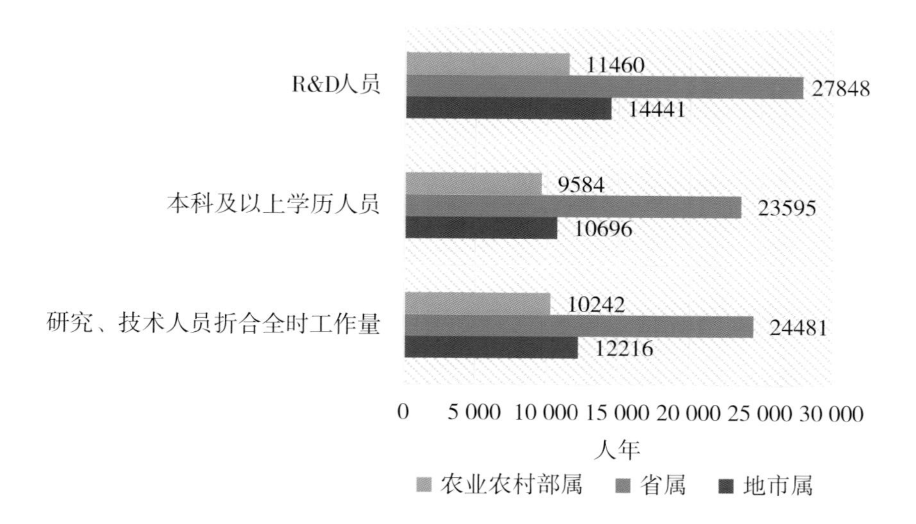

图 1–38 2017 年农业农村部属、省属、地市属的农业科研机构 R&D 人员折合全时工作量和研究、技术人员折合全时工作量情况

2. 全国农业科研机构 R&D 经费支出情况

2017 年全国农业科研机构 R&D 经费内部支出 180.47 亿元，比上年同比增加 22.23%。其中经常费支出最多，为 163.91 亿元，占总支出的 90.83%，比上年增加了 23.82%；经常费支出中，试验发展费支出最多，占经常费支出的 56.40%，比上年增加 9.18%；其次是应用研究经费支出，占经常费支出的 27.09%，比上年增加 49.72%；基础研究经费支出最少，占经常费支出的 16.51% , 比上年增加 49.89%。从隶属关系来看，省属机构 R&D 活动经费内部支出最大，占总经费内部支出的 53.00%；从行业来看，种植业科研机构 R&D 活动经费内部支出最多，占总经费内部支出的 66.25%，比上年增加 17.16%（图 1–39 至图 1–42）。

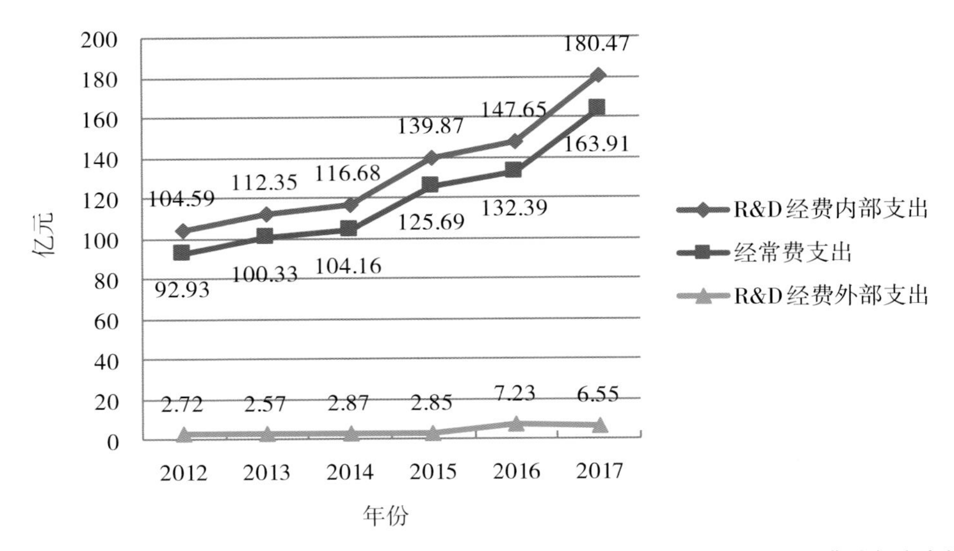

图 1-39　2012—2017 年全国农业科研机构 R&D 经费内部支出、经常费支出和 R&D 经费外部支出的变化趋势

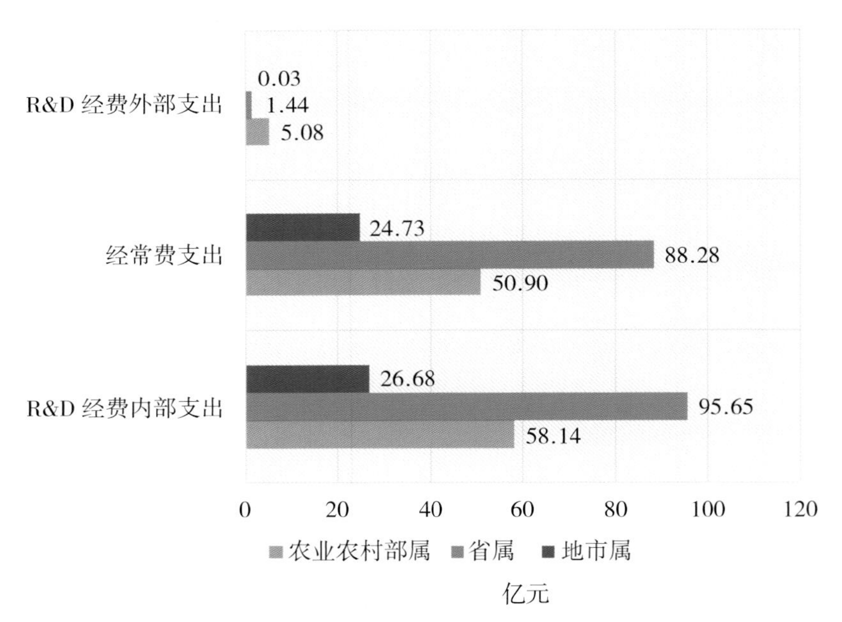

图 1-40　2017 年农业农村部属、省属、地市属的农业科研机构 R&D 经费内部支出、经常费支出和 R&D 经费外部支出情况

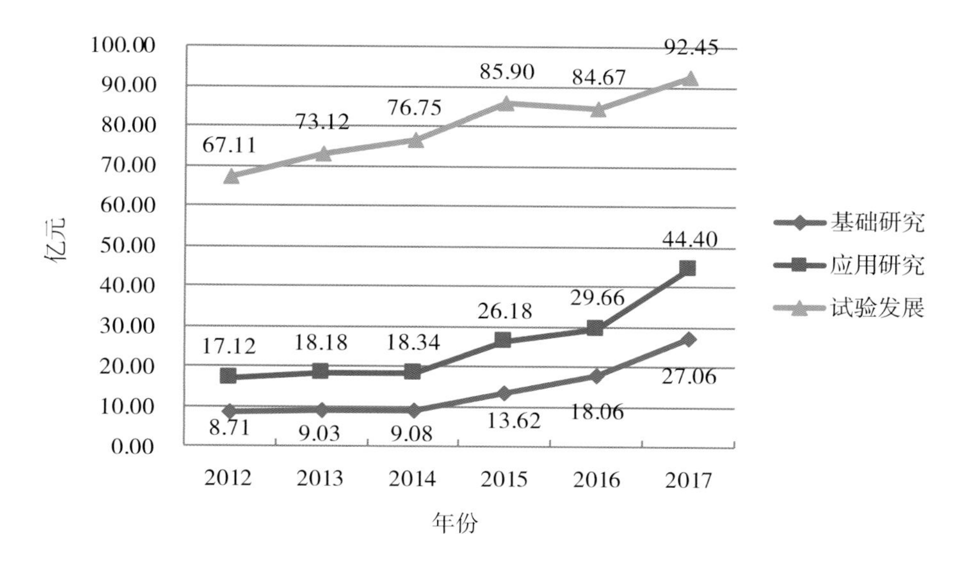

图 1-41　2012—2017 年全国农业科研机构试验发展、应用研究和基础研究经费支出的变化趋势

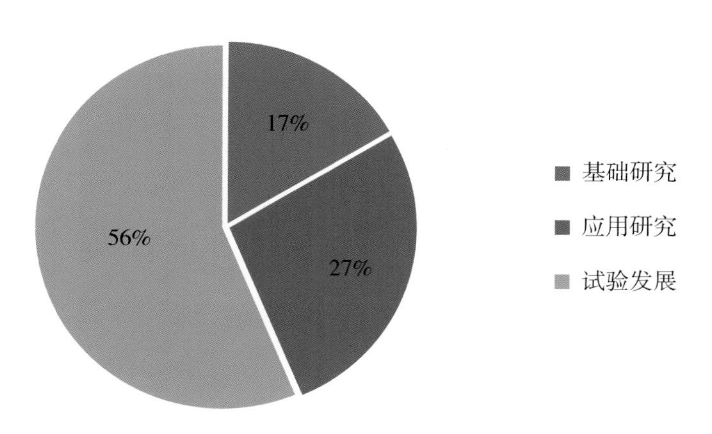

图 1-42　2017 年全国农业科研机构试验发展、应用研究和基础研究经费的支出比重

八 对外科技服务活动情况

2017 年全国农业科研机构开展对外科技服务活动工作总量 3.44 万人年，比上年同比增加了 7.52%，其中科技成果的示范性推广工作量比较大，占科技服务活动工作总量的 36.37%。从隶属关系看，省属科研机构对外科技服务量最大，占科技服务工作量的 42.87%；从行业看，种植业对外科技服务量最大，占科技服务活动总量的 69.05%；在部属“三院”中，中国农业科学院开展对外科技服务活动工作总量最大，占部属“三院”开展对外科技服务活动工作量的 52.76%（图 1-43 至图 1-46）。

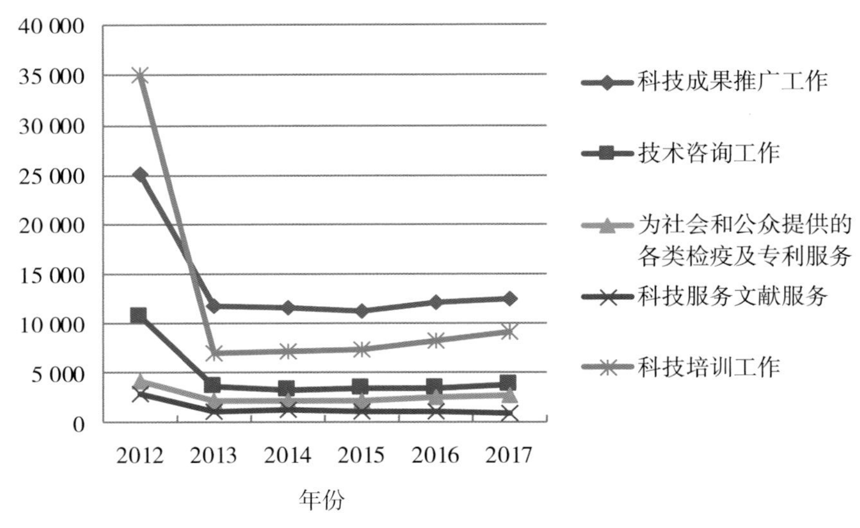

图 1-43　2012—2017 年全国农业科研机构对外服务情况的变化趋势

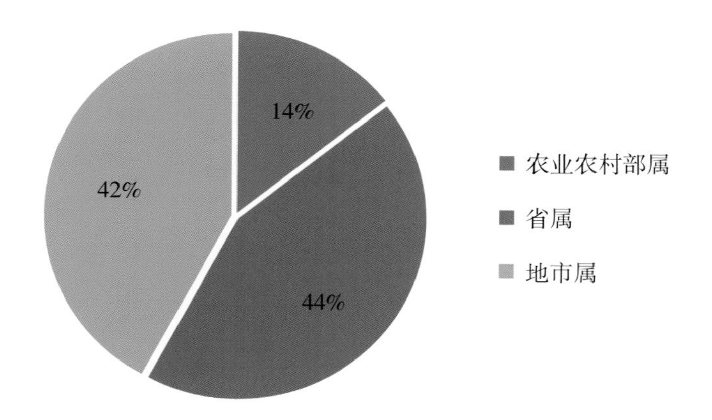

图 1-44　2017 年农业农村部属、省属、地市属农业科研机构对外服务情况所占比重

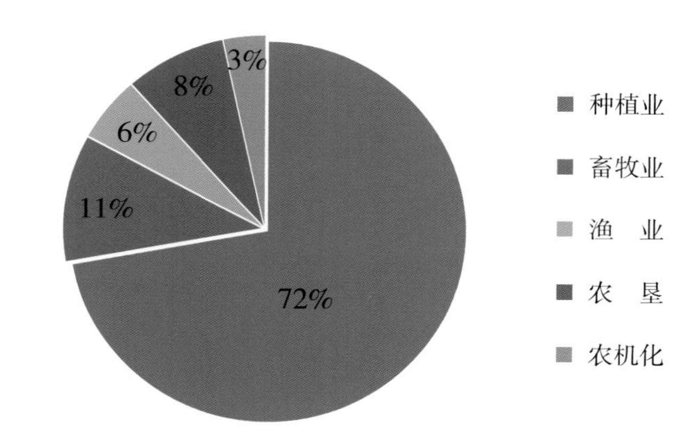

图 1-45　2017 年不同行业农业科研机构对外服务情况所占比重

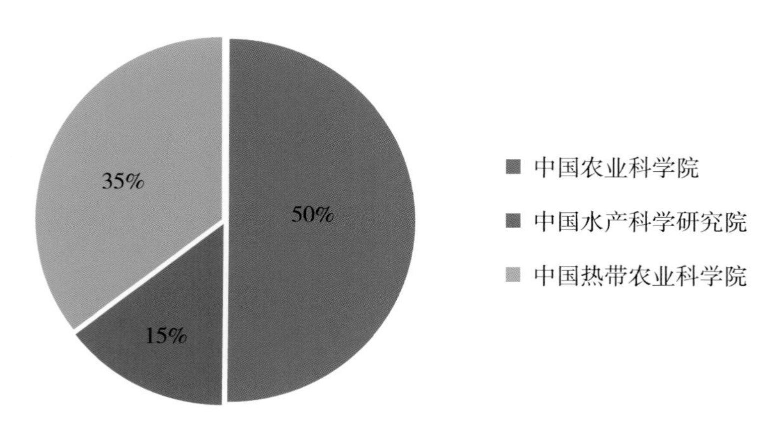

图 1-46　2017 年“三院”农业科研机构对外服务情况所占比重

附表 全国农业科技情报机构统计数据

附表1 全国农业科技情报机构人员构成情况（按隶属关系分）

单位：人

<table>
<tr><th rowspan="3"></th><th rowspan="3">机构数量（个）</th><th colspan="9">从业人员</th><th rowspan="3">离退休人员</th></tr>
<tr><th rowspan="2">总计</th><th colspan="5">从事科技活动人员</th><th rowspan="2">从事生产经营活动人员</th><th rowspan="2">其他人员</th></tr>
<tr><th>小计</th><th>女性</th><th>科技管理人员</th><th>课题活动人员</th><th>科技服务人员</th></tr>
<tr><td>合计</td><td>22</td><td>1 594</td><td>1 394</td><td>676</td><td>147</td><td>1 030</td><td>217</td><td>164</td><td>36</td><td>922</td></tr>
<tr><td>农业农村部属</td><td>2</td><td>693</td><td>533</td><td>225</td><td>54</td><td>418</td><td>61</td><td>156</td><td>4</td><td>402</td></tr>
<tr><td>省市属</td><td>20</td><td>901</td><td>861</td><td>451</td><td>93</td><td>612</td><td>156</td><td>8</td><td>32</td><td>520</td></tr>
</table>

附表2 全国农业科技情报机构从事科技活动人员学位、学历和职称情况（按隶属关系分）

单位：人

<table>
<tr><th rowspan="2"></th><th rowspan="2">合计</th><th colspan="5">学位、学历</th><th colspan="4">职称</th></tr>
<tr><th>博士</th><th>硕士</th><th>本科</th><th>大专</th><th>其他</th><th>高级</th><th>中级</th><th>初级</th><th>其他</th></tr>
<tr><td>合计</td><td>1 394</td><td>189</td><td>523</td><td>428</td><td>78</td><td>176</td><td>446</td><td>522</td><td>145</td><td>281</td></tr>
<tr><td>农业农村部属</td><td>533</td><td>118</td><td>178</td><td>86</td><td>17</td><td>134</td><td>140</td><td>164</td><td>46</td><td>183</td></tr>
<tr><td>省市属</td><td>861</td><td>71</td><td>345</td><td>342</td><td>61</td><td>42</td><td>306</td><td>358</td><td>99</td><td>98</td></tr>
</table>

附表3 全国农业科技情报机构经常费收入一览表（按隶属关系分）

单位：千元

<table>
<tr><th rowspan="5"></th><th colspan="11">本年度收入</th><th rowspan="5">用于科技活动贷款</th></tr>
<tr><th rowspan="4">总额</th><th colspan="8">科技活动收入</th><th rowspan="4">生产经营收入</th><th rowspan="4">其他收入</th></tr>
<tr><th rowspan="3">合计</th><th colspan="4">政府资金</th><th colspan="3">非政府资金</th></tr>
<tr><th rowspan="2">小计</th><th rowspan="2">财政拨款</th><th rowspan="2">承担政府项目</th><th rowspan="2">其他</th><th rowspan="2">小计</th><th rowspan="2">技术性收入</th><th rowspan="2">国外资金</th></tr>
<tr></tr>
<tr><td>合计</td><td>606 070</td><td>541 343</td><td>428 563</td><td>351 439</td><td>71 658</td><td>205 861</td><td>112 780</td><td>98 738</td><td>0</td><td>0</td><td>64 727</td><td>0</td></tr>
<tr><td>农业农村部属</td><td>342 847</td><td>300 669</td><td>230 445</td><td>187 197</td><td>37 828</td><td>10 567</td><td>70 224</td><td>60 078</td><td>0</td><td>0</td><td>42 178</td><td>0</td></tr>
<tr><td>省市属</td><td>263 223</td><td>240 674</td><td>198 118</td><td>164 242</td><td>33 830</td><td>195 294</td><td>42 556</td><td>38 660</td><td>0</td><td>0</td><td>22 549</td><td>0</td></tr>
</table>

附表 4　全国农业科技情报机构经常费支出一览表（按隶属关系分）

单位：千元

	本年内部支出								本年外部支出
	总额	科技活动支出				经营活动支出		其他活动支出	
		合计	人员劳务费（含工资）	设备购置费	其他日常支出	合计	经营税金		
合　计	594 287	490 315	210 667	71 612	208 036	15 627	435	88 345	24 933
农业农村部属	335 763	271 267	92 538	56 086	122 643	12 937	316	51 559	24 618
省市属	258 524	219 048	118 129	15 526	85 393	2 690	119	36 786	315

附表 5　全国农业科技情报机构课题投入人员、经费情况（按隶属关系分）

	课题数（个）	经费内部支出（千元）		本单位课题人员折合全时工作量（人年）	
		合计	政府资金	合计	研究人员
合　计	251	138 204.8	133 512.8	1 008.2	324.6
农业农村部属	9	71 437	67 984	439.5	29
省市属	242	66 767.8	65 528.8	568.7	295.6

附表 6　全国农业科技情报机构科技著述和专利申请授权情况（按隶属关系分）

	发表科技论文（篇）		出版科技著作（种）	专利受理数（件）	专利授权（件）			有效发明专利数（件）
		国外发表				发明专利	国外授权	
合　计	698	36	36	54	36	18	0	43
农业农村部属	265	34	22	26	22	6	0	8
省市属	433	2	14	28	14	12	0	35

附表 7　全国农业科技情报机构对外科技服务情况（按隶属关系）单位：人年

服务类别 / 隶属关系	科技成果的示范性推广工作	为用户提供可行性报告、技术方案、建议及进行技术论证等技术咨询工作	地形、地质和水文考察、天文、气象和地震的日常观察	为社会和公众提供的检验、检疫、测试、标准化、计量、计算、质量控制和专利服务	科技信息文献服务	其他科技服务活动	科技培训工作	合计
合　计	98	162	0	0	269	131	126	786
农业农村部属	4	15	0	0	40	11	24	94
省　属	94	147	0	0	229	120	102	692

第二部分 | 省级以上农科院年度工作报告

一 农业农村部属科研机构

（一）中国农业科学院

2017 年是中国农业科学院（以下简称农科院）发展史上非常重要的一年，也是成果丰硕的一年。建院 60 周年之际，习近平总书记专门发来贺信，李克强总理做出批示，汪洋副总理专程来农科院考察调研和看望广大干部职工，这是我院发展历史上里程碑式的大事，充分体现了党中央、国务院对农业科技工作的高度重视。一年来，在习近平总书记贺信精神指引激励下，全院上下团结一心、积极进取、扎实工作，促改革、求创新、谋发展，各项工作取得了显著成效。

1. 国家科技计划立项再获丰收

创新工程的引领作用进一步突显。组织召开创新工程全面推进期工作会议，启动了 19 个协同创新任务项目，初步建立了以创新工程为引领，以大项目、大成果为目标的资源配置机制。重大项目立项保持良好态势。全年新增主持各级各类课题 2 222 项，年合同经费达 20.6 亿元。国家重点研发计划获得 32 个项目，中央财政支持经费 9.35 亿元，立项数占农口的 23%，经费占 25%，继续保持显著占位优势。国家自然科学基金资助项目 310 项，获得资金支持 1.54 亿元，平均立项率达 24%，超过全国 22% 的平均水平。其中，重大研究计划项目 1 项、优青项目 2 项、其他重大类项目 6 项，杰青项目时隔 5 年再次取得突破，首次获得国家重大科研仪器研制项目。

2. 重大科技成果不断涌现

全院共取得获奖成果 114 项。以第一完成单位荣获国家科技奖 7 项，占农业领域授奖总数的 23.3%，其中“优质蜂产品安全生产加工及质量控制技术”获国家技术发明奖二等奖，“中国野生稻种质资源保护与创新利用”等 6 项成果获国家科学技术进步奖二等奖。“盲蝽类重要害虫绿色防控”等 11 项成果获 2016—2017 年度中华农业科技奖一等奖，占一等奖总数的 27.5%，“旱作农业”等 4 个团队获中华农业科技优秀创新团队奖。“新型饲用抗生素替代品”等 29 项成果获省级一等奖。评选产生中国农业科学院杰出科技创新奖 10 项、青年科技创新奖 5 项。全院共发表 SCI/EI 论文 2 516 篇，同比增长 17%，出版著作 321 部。以第一署名单位在《科学》《自然遗传学》等国际顶尖期刊发表论文 24 篇，比 2013 年增长 167%。9 位专家被爱思唯尔（Elsevier）纳入 2017 年农业和生物领域中国高被引学者榜单。

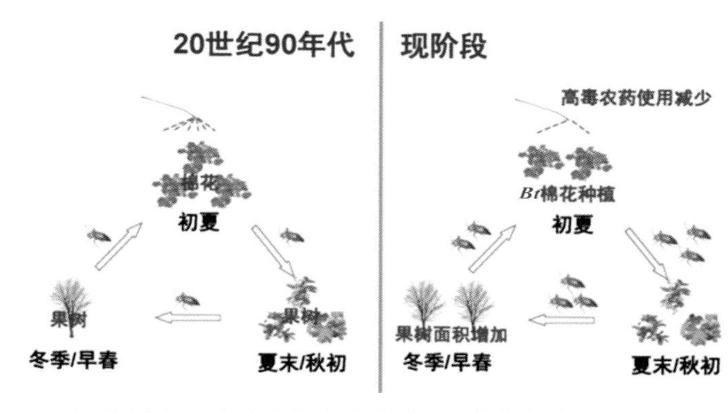

揭示了近 20 年来我国盲蝽种群区域性灾变的生态学机制

基础研究方面，首次阐明了番茄风味遗传基础，发现了番茄风味调控机制，为番茄风味改良奠定了重要理论基础；成功克隆了重要的显性核不育小麦太谷核不育基因、控制水稻粒宽与粒重关键基因等，将显著提升作物育种水平；通过长期研究，发现杂交转基因 *Bt* 棉和非 *Bt* 棉种子混合可延缓红铃虫抗性。应用研究方面，“中嘉早 17”水稻、“中麦 175”小麦、“中单 909”玉米、“中棉所 49”棉花、“中黄 13”大豆、“中双 9 号”油菜等品种继续名列全国推广面积前茅。创制全球首例口蹄疫病毒标记疫苗，显著提高口蹄疫病毒感染和疫苗免疫动物鉴别诊断的准确性。新一代露地黄瓜新品种“中农 106 号”具有复合抗病性强、耐热性和耐湿性突出、品质优良、丰产性好的突出优点，已成为全国 26 个省市主栽品种之一。成功研制精确变量播种施肥机，可实现不同品种、不同类型种子、肥料的播量模型实时标定。宏观战略研究方面，积极参加农业绿色发展、“一带一路”农业合作等重大问题调研、规划编制和政策创设，多项政策建议得到党和国家领导人的批示，先后发布了《中国农业展望报告（2017—2026）》《全国农业现代化评估报告》等一系列咨询报告，为政府有关部门农业宏观决策提供了理论依据和科学支撑。

3. 创新联盟建设与院地合作开创新局面

国家农业科技创新联盟取得可喜进展。重点建设了 20 个标杆联盟。由北京畜牧兽医研究所牵头的奶业联盟，把全国 21 家大型乳制品企业牢牢吸引到联盟平台，加大品质优异、营养健康的奶制品开发力度，大幅度提升了企业应对进口冲击的能力。由棉花研究所牵头的棉花联盟，通过全产业链一体化机制创新，找出了一条解决棉花产业传统困境的新路子，为促进我国棉花产业供给侧结构性改革树立了典范。由农业环境与可持续发展研究所牵头的农业废弃物联盟，开展京津冀养殖废弃物综合利用科技联合行动，为改善区域环境质量、促进

农业废弃物循环利用“京安模式”成为全国主推模式

农业绿色发展提供了科技支撑。绿色增产增效技术集成与示范成效显著。深入实施12个技术集成与示范项目，集成180多项技术，构建38套生产模式，建立试验示范基地120个，示范面积15万亩（1亩≈667m^2，全书同），带动区域100多万亩，示范奶牛、肉羊、生猪40多万头，覆盖全国18个省份，大大促进了农业产业提质增效、绿色发展。全面推进科技精准扶贫。重点帮扶太行山区的阜平、秦巴山区的安康等贫困地区，制定了精准帮扶方案，派出干部挂职，实施科技项目，开展技术培训，有效促进了当地特色农业产业发展，加快了贫困地区脱贫致富的步伐。不断加大援疆援藏工作力度，为新疆（新疆维吾尔自治区的简称，全书同）、西藏（西藏自治区的简称，全书同）选派8名干部挂职，深化与新疆生产建设兵团、西藏农牧科学院等科技战略合作。强化农业科技成果转化。全年获发明专利673件，实用新型专利905件，植物新品种权79件，有8项专利获得中国专利优秀奖。科技成果转化收入达5.36亿元，增长12%。

4. 科研条件与区域布局取得新进展

标志性平台建设顺利推进。经过院所共同努力，中国农业科学院6个国家重点实验室顺利通过科技部评估，其中，兽医生物技术、水稻生物学两个实验室被评为优秀。获批现代农业产业技术体系首席科学家18人，岗位专家241人，综合试验站站长8人，比“十二五”增加首席科学家1人（绿肥），岗位专家64人，经费4 510万元。重大战略性科研布局稳步推进。新疆昌吉西部农业研究中心正式挂牌，完成了205亩建设用地、2 000亩试验用地划拨，基本建设顺利开工，完善了我院在兰州以西的学科布局。国家成都农业科技中心暨都市农业研究所共建协议正式签署，争取地方 10 亿元基建投资、3 000 亩试验用地和每年 3 000 万元专项科研经费。积极参与雄安新区建设，拟定了“三农”发展规划、政策创设和重大科学平台共建等合作协议。

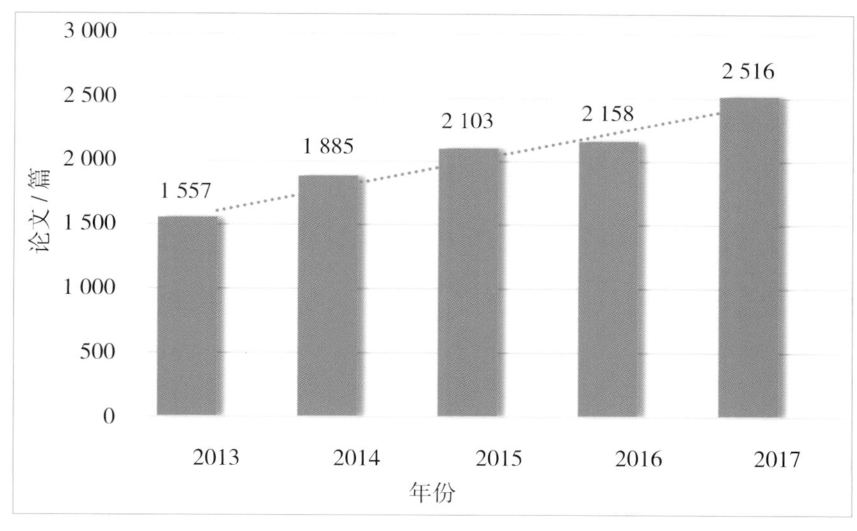

过去 5 年全院发表 SCI/EI 论文数增长趋势

5. 农业科技国际合作成果丰硕

贯彻落实“一带一路”倡议和农业“走出去”方针，发布了海外中心发展规划，与相关国家新建农业联合实验室 23 个，巩固提升 16 个，打造农业科技国际合作新格局。牵头全国农业科研单位，与国际农业研究磋商组织（CG）、欧盟（EU）、金砖五国（BRICS）、东盟以及二十国集团（G20）开展了广泛的农业科技合作。组织召开“一带一路”、中非“10+10”、亚太经合组织农业工作组会议、中国 - 欧盟等大型农业科技研讨会 20 多次，积极推动了一批国际性重大科技项目、基金项目、大科学计划与我院优势学科对接，为我院发起国际性大科学计划储备经验。2017 年全院共获批国际合作项目 175 项，新增经费超过 1 亿元。

6. 人才强院战略加快实施

系统谋划部署全院人才工作，在建院 60 周年之际韩长赋部长亲自为我院启动实施青年人才工程，在深圳召开了建院以来首次人才工作会议。出台促进人才发展的 30 条改革措施。王汉中研究员、陈化兰研究员分别当选中国工程院院士和中国科学院院士，新增国家杰青、千人计划、万人计划等国家级人才 50 余人次，新引进青年英才 29 人，择优支持青年英才 34 人。研究生教育规模质量实现“双升”。招生规模再创新高，全年累计招生 1 591 人，同比增长 10.5%。其中招收博士生 335 人，为我国农业发展培养了大批高层次农业科技人才。学科建设取得显著成效，在全国第四轮学科评估中，作物学、植物保护、畜牧学、兽医学 4 个学科被评为 A^+，生物学、农业资源与环境 2 个学科被评为 A^-，A 类学科数占参评学科数的 43%。

全院共有 34 个研究所、1 个研究生院和 1 个出版社，分布在 16 个省区市。现有从业人员 10 600 余人，正式职工 7 000 余人，科技人员 5 900 余人，两院院士 13 人。博士后流动站 10 个，在站博士后 470 余人。

（二）中国水产科学研究院

中国水产科学研究院创立于 1978 年，是国务院批准成立的三大科学院之一，经过 40 年的发展，中国水产科学研究院已发展成为拥有 13 个独立科研机构及院部、5 个共建科研机构，学科齐全、布局合理、在国内外具有广泛影响的国家级研究院，在解决渔业及渔业经济建设中基础性、方向性、全局性、关键性重大科技问题，以及科技兴渔、培养高层次科研人才、开展国内外渔业科技交流与合作等方面发挥着重要的作用。

2017 年，在农业部（即现今的农业农村部）的正确领导下，全院紧紧围绕农业部中心工作，按照产业导向、需求导向和问题导向扎实开展科研和各项工作，各领域取得新的重要进展。全院新上科研项目 1 137 个，合同经费 6.48 亿元。获得省部级以上科技成果奖励 18 项；获得 6 个水产新品种审定；获国家授权专利 413 件，其中发明专利 174 件。发表论文超过 1 600 篇，其中 SCI 和 EI 收录 400 余篇。正式启动长江、西藏渔业资源环境调查专项；突破海水鱼类基因组育种技术，培育出牙鲆抗病新品种“鲆优 2 号”；选育出“鲟龙 1 号”鲟鱼新品种和鲤抗疱疹病毒（CyHV-3）新品系；突破金龙鱼全人工繁殖技术，建立起养殖和繁育技术体系；大洋性经济鱼类黄条鰤人工繁育技术研究取得重要突破；完成海马规模化繁育和养殖关键技术研究及应用；鲟鱼生殖细胞早期发育机理解析及应用、长江江豚迁地保护和研究工作取得重要进展；发现了马里亚纳海沟中微生物新种及新酶；研发的深水拖网绞车突破了千米作业水深限制。成立“国际渔业研究中心”，搭建起全院国际渔业研究和国际科技合作工作组织协调机制。1 人获选全国农业先进个人，1 人获选万人计划青年拔尖人才，1 人获选百千万人才工程国家级人选，2 人获选全国农业先进工作者，3 人获选全国创新争先奖状，鲆鲽类产业技术体系获选全国农业先进集体。

长江、西藏渔业资源与环境调查专项正式启动

获批 1 个国家地方联合工程研究中心，3 个省级工程技术研究中心。4 艘 300 吨级渔业资源调查船交付使用，2 艘 3 000 吨级海洋渔业综合科学调查船正式开工建造。

2018 年，全院将以实施乡村振兴战略为总抓手，以渔业供给侧结构性改革为主线，着力提升全院谋划发展能力、科技创新能力、产业支撑能力和人才培养能力，为渔业现代化建设、渔业绿色发展和渔业渔政管理提供更加有力的科技支撑。

两艘 3 000 吨级海洋渔业综合科学调查船开工建造

扎实开展哈尼梯田“渔稻共作”产业扶贫工作

（三）中国热带农业科学院

一、机构发展情况

中国热带农业科学院创建于 1954 年，是隶属于农业部（即农业农村部，全书同）的国家级热带农业科研机构，主要承担全国热带农业重大基础、应用研究和高新技术产业开发研究的任务。全院现有 15 个独立法人单位，其中研究机构 14 个，分布在海南、广东两省的 6 个市。现有从业人员 5 788 人，其中正式职工 2 805 人，专业技术人员 1 800 人；专业技术人员中，高级职称占比 37.5%，博士学位人员占比 24.5%，硕士学位人员占比 43.2%。在读研究生 332 人，在站博士后 7 人。全院入选中央联系高级专家、“百千万人才工程”国家级人选、享受国务院政府特殊津贴专家、中华农业英才奖获得者、中国青年科技奖获得者、全国优秀科技工作者、全国农业科研杰出人才、国家现代农业产业技术体系首席科学家等国家级人才达 60 多人。

二、科研活动及成效情况

（一）科学研究课题数量

2017 年全院在研科研课题 893 项，经费 2.6 亿元，其中牵头主持国家重点研发专项项目“热带果树化肥农药减施技术集成研究与示范”、科技部科技基础资源调查专项项目“中国南方草地牧草资源调查”和 农业农村部“一带一路”热带农业资源联合研究专项。

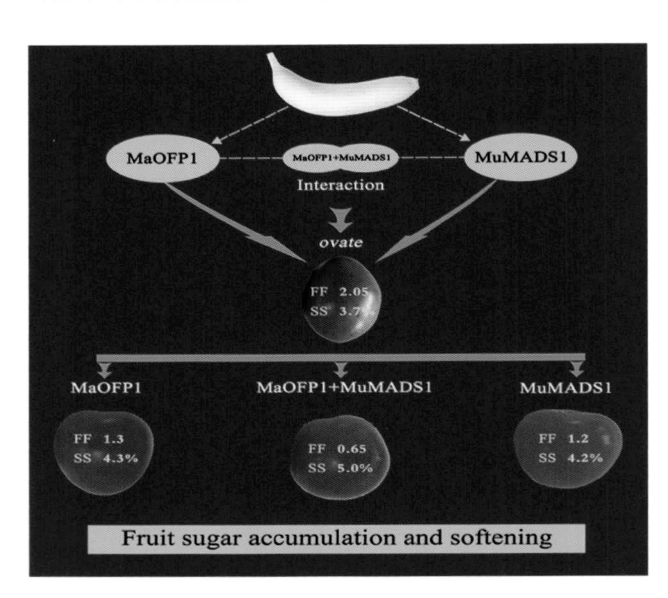

香蕉 MuMADS1 和 MaOFP1 互作协同调控果实硬度和糖分积累，为热带果树遗传改良提供新思路

（二）重要研究进展

在基础研究方面，在国际上首次解析了香蕉两个重要转录因子互作调控果实形状和品质的分子机制，为香蕉等热带果树遗传改良提供了新思路；完成海南高种椰子的全基因组测序，发现椰子拥有 282 个特有基因家族，为培育椰子及棕榈科作物优良新品种奠定了理论基础。在应用技术研发方面，解决了吨级制备高性能工程天然橡胶的技术难题，研制产品的关键性能指标显著优于进口

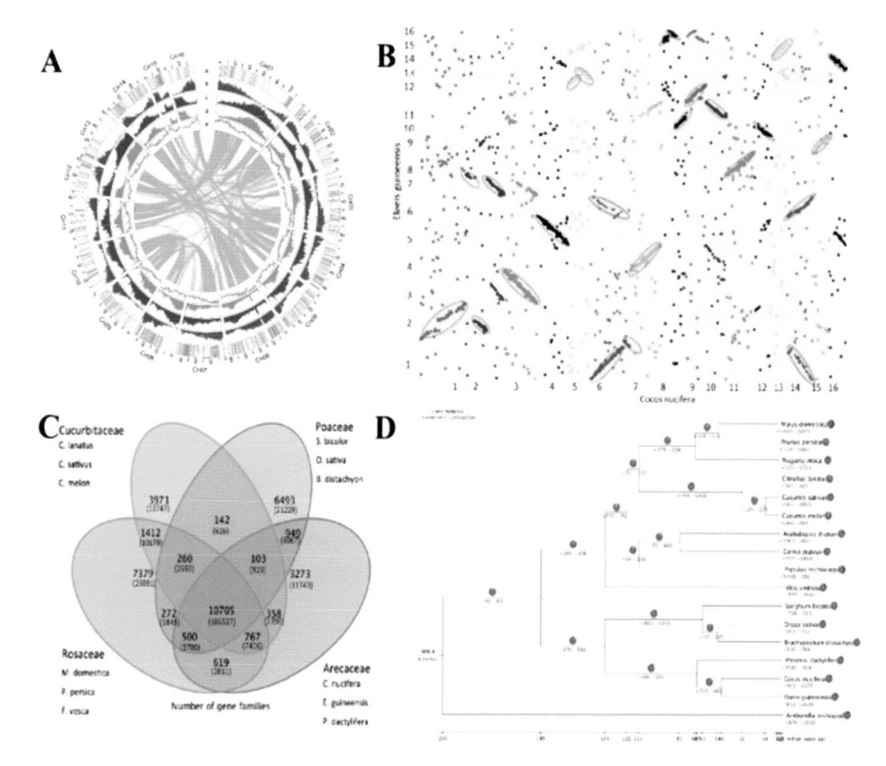

首次公布椰子全基因组测序

的同类产品，有望实现进口替代；攻克了杧果坐果率低、花期调控难的技术难题，构建的早、中、晚熟区域化技术模式，达到国际领先水平。

（三）科研条件

1. 立足中国热区，着力提升科技平台实力

依托我院加工所和分析测试中心，新获批国家土壤污染物状况详查检测实验室 2 个；依托我院属相关二级单位，获批国家农业科学实验站 13 个；获批海南省院士工作站 1 个，获批国家现代农业产业技术体系首席科学家 1 名，岗位科学家 10 名，试验站长 3 名；牵头成立“热区石漠化山地绿色高效农业科技创新联盟”，建立广西百色综合实验站、广东江门综合实验站、贵州兴义综合实验站、西藏林芝热带水果试验站等多个创新主体。

2. 面向世界热区，积极搭建国际合作平台

新获批农业部热带农业对外开放合作试验区、农业对外合作科技支撑与人才培训基地两大重要平台；在柬埔寨和瓦努阿图新建农业试验站，与澳大利亚迪肯大学联合共建先进材料国际研究中心，与密克罗尼西亚共建密克罗尼西亚椰子种植示范基地等。培训了 27 个发展中国家的近千名学员；选派专家 140 多人次前往密克罗尼西亚、卢旺达等国家进行交流合作和技术指导。

（四）科技成果

全年共获各类科技成果奖励 38 项，其中 2016—2017 年度中华农业科技奖励成果 3 项，海南省科技奖励成果 14 项、广东省科技奖励成果 3 项、广东省农业技术推广奖励成果 3 项。发表论文 1 000 余篇，其中 SCI、EI 和 ISTP 收录的论文 228 篇；获授权专利 164 项，其中发明专利 83 项；审（认）定品种 3 个；获新品种保护权 6 个；授权肥料登记证 4 项；制修订农业行业标准 24 项、海南省地方标准 16 项；授权软件著作权 82 项；“文昌椰子”获国家农产品地理标志认证。

（五）学科发展

在已构建 17 个一级学科、51 个二级学科和 241 个主要研究方向的热带农业重点学科体系的基础上，进一步培育热带作物基因组、蛋白组、农业纳米技术等新型学科方向，继续拓展我院热带经济作物、南繁种业、热带粮食作物、冬季瓜菜、热带饲料作物与畜牧、热带海洋生物等重点领域科技内涵。

（六）科技扶贫

围绕“精准扶贫”“科技帮扶”，在海南白沙县青松乡拥处村打造“政府 + 科技 + 合作社 + 项目 + 贫困户”的模式，优化了农业产业格局；在西藏林芝帮扶建立热带水果试验基地，支撑藏南地区发展特色热带作物，改善当地农业种植结构；针对滇桂黔石漠化贫困地区特点，在贵州黔西南州兴义市南盘江镇田房村建立了“石漠化综合治理示范点”，探索出可复制、可推广的科技推进贫困地区经济发展新模式。

（七）科技成果转化推广情况

构建院科技成果转化体系，稳步推进种业人才和科研成果权益改革工作。规划建设农产品科技加工基地 5 个和海口科技成果转移转化中心；新增院企合作研发的功能性特色热带作物产品 26 个、农机装备 12 种；电动胶刀、甘蔗、木薯农机装备实现出口走出去；转移转化技术成果 84 项，其中转让专利技术 5 项；培育成立科技企业 6 家；开展政府、企业对接活动 130 多次，组团参加推介活动 15 次，8 项成果获第十届高交会（中国国际高新技术成果交易会的简称）优秀产品奖。

喀斯特地貌变成花果山——贵州石漠化综合治理示范点

二 各省（市、区）属科研机构

（一）北京市农林科学院

北京市农林科学院成立于 1958 年，全院建有蔬菜、林业果树、畜牧兽医、植物保护环境保护、植物营养与资源、农业科技信息与经济、农业信息技术、农业质量标准与检测技术、玉米、杂交小麦、生物技术、草业与环境、水产、农业智能装备技术 14 个专业研究所（中心）。

现有在职职工 1 152 人。其中具有高级职称的专业技术人员 471 人，包括研究员 140 名。获得博士学位的有 407 人。拥有中国工程院院士 1 人、国家杰青 1 人、优青 1 人、全国杰出专业技术人才 1 名、国家级百千万人才 11 人、万人计划 5 人，农业部农业科研杰出人才 7 人、杰出青年科学家 2 人、国家农业产业技术体系首席科学家 2 人、岗位科学家 14 人，80 人享受国务院政府特殊津贴。

2017 年，全院落实各类项目 418 项，经费 2.75 亿元，其中国家级项目 156 个，经费 1.36 亿元。主持第二批国家重点研发计划项目 3 项，承担课题或科研任务 66 项；获得国家自然基金资助 34 项。全院各类在研项目 718 项，年度到位经费 2.4 亿余元。

2017 年，全院新增农业部学科群重点实验室、科学试验基地 8 个；北京市重点实验室、工程技术研究中心 2 个。已形成以 3 个国家工程实验室，4 个国家工程技术研究中心，7 个农业部重点实验室、2 个农业部农业科学实验基地、4 个农业科学观测实验站，2 个国家林业局工程技术研究中心，11 个北京市重点实验室、7 个北京市工程技术研究中心、2 个北京市工程实验室；4 个农业部检测中心，1 个 ISTA 认证检测中心为核心的创新平台体系，支撑科研创新

韩长赋部长到北京市农林科学院调研农业科技创新工作

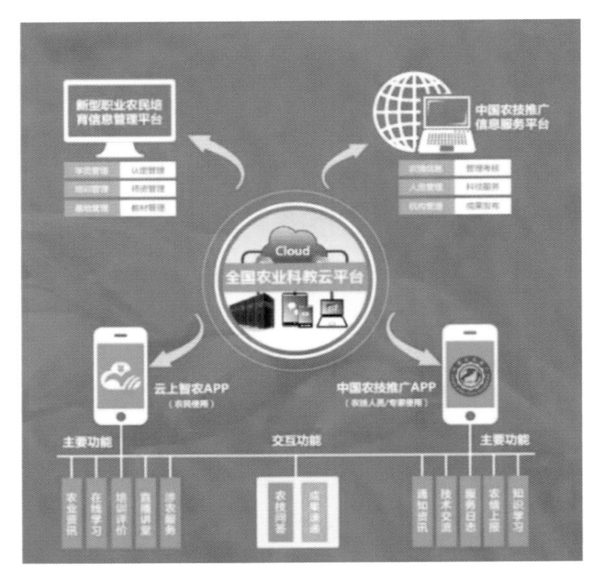

承建了全国农业科教云平台并成功上线运行

的能力得到进一步显现。

全年获得省部以上各类政府科技奖励 17 项，其中获得国家科技进步二等奖 2 项；农业部中华农业科技奖 8 项，其中科学研究成果一等奖 2 项、优秀创新团队奖 1 项；农业部软科学优秀研究成果奖三等奖 1 项；教育部科学技术进步奖一等奖 1 项；北京市科学技术奖 5 项，其中一等奖 1 项。

获得各类成果和知识产权 480 余项。其中审定、鉴定、认定新品种 38 项，获得新兽药证书 1 个、新品种权 21 项、专利授权 249 项（其中发明 135 项），制定国（行、地）标 23 项。发表 SCI 论文 168 篇，其中 Q1 区 93 篇，较 2016 年增加 52.9%。

2017 年，全院在作物育种基础性研究和新品种创制，新技术、新产品研发，信息技术与产品，软科学等方面取得重要科研进展，开展了大量的推广服务和科技帮扶工作，成效显著。

基础性、前沿性研究取得新突破

生物信息学和基因编辑平台技术体系初步建立，在番茄、玉米、西瓜、杨树、鲟鱼等动植物中应用取得新进展。首次获得了印度南瓜与中国南瓜的高质量参考基因组框架图，解析了南瓜种间杂交种的基因表达变化对杂种优势的贡献。首次在国际上揭示了葡萄座腔菌受环境因素影响的“机会性”致病机制；首次精准诊断了我国葡萄白腐病的病原菌种类，并完成了对其侵染规律的研究。首次揭示了 C 型禽偏肺病毒致病机理，揭示了其介导细胞自噬的分子机制。

新品种、新技术、新产品持续涌现

玉米品种京农科 728 通过了国家首批机收籽粒审定。构建了位点高通量芯片平台和玉米样品高通量的 KASP 检测平台。完善了杂交小麦规模化制种技术，小区最高制种产量突破 400kg/ 亩。鲑鳟鱼 IHNV 灭活疫苗和 DNA 疫苗取得新突破。樱桃、苹果矮化砧木和主要品种脱毒技术研究取得新突破，建立了工厂化繁育技术体系。生防微生物制剂研发和转化取得可喜进展，获得两项国家肥料产品登记证书。净菜品质保持技术与关键设备研发取得新进展，解决了离心脱水对弱软性蔬菜的伤害难题。

农业信息化和智能装备优势得到强化

承建了全国农业科教云平台，聚集了 500 万职业农民用户、8 万农技推广机构、50 万农技推广人员、2 万名农业专家，日在线活跃用户超过百万。承担开发的国家农作物品种试验数据管理平台成功上线，显著提升了全国农作物品种试验管理水平与效率，为种业发展提供了有力支撑。农业航空导航与作业装备被国家林业局纳入林业飞防“互联网 +”首批示范产品，全年累计监管作业面积达到 639 万亩。

农科“智库”作用得到进一步彰显。参与了中央农村工作会议文件的起草工作，国务院研究室专门向北京市政府表示感谢。完成中国工程院、国家发展改革委、农业部、科技部以及 10 个省区委托的农业信息化咨询、产业规划、战略研究 50 余项，涵盖智慧农业、智慧村镇、“互联网 +”乡村振兴和地区产业可持续发展等领域。其中，农业部委托院信息中心编制的《农业生产安全保障体系建设规划》以农业部文件正式印发。

科技成果转化与推广服务能力持续提升

深入落实国家有关科技创新激励政策，全年成果转化总收入再创新高。在京郊各类基地推广新品种、新装备、新技术 500 余项。与 44 个低收入村进行对接，为 340 户低收入户建立帮扶台账，为 20 个低收入村编制了产业发展规划，开展各类技术服务、观摩、培训 1 000 余次，累计培训各类人员近 2 万人次，培养骨干技术人才近 100 名。与新疆、河南、西藏等地开展了对口援助工作。

京津冀区域协同创新不断深入

京津冀农业科技创新联盟不断壮大，成员达到 64 家；成功召开 2017 年联盟高层论坛暨年度工作会议，发布了联盟规划纲要；持续加强区域协同创新，累计投入 3 500 多万元，支持项目 40 余项；积极与石家庄市、张家口市、承德市、保定市等地市开展科技对接，建立了科技示范基地 37 个，联合展示新技术、新品种 100 余项，区域科技对接成效显著。

京津冀农业科技创新联盟 2017 年度工作会

（二）天津市农业科学院

1. 2017 年度机构变化情况

天津市农业科学院下设 15 个研究单位，其中公益一类事业单位 10 个，公益二类事业单位 3 个，2 个转制研究所。2017 年度我院正式在职职工 552 人，其中博士 73 人，硕士 183 人；专业技术人员 466 人，其中正高职称 75 人，副高职称 161 人，中级职称 188 人，初级 42 人；全院拥有中国工程院院士 1 人，享受国务院政府特殊津贴专家 42 人，突出贡献专家 8 人，入选国家百千万人才工程 2 人，天津市人才发展特殊支持计划高层次创新型科技领军人才 1 人，天津市创新人才推进计划青年科技优秀人才 1 人，天津市“131 人才工程”一层次人选 20 人；农业部农业科研杰出人才及其创新团队 3 个；天津市“131 创新团队”1 个，天津市创新人才推进计划重点领域创新团队 2 个，天津市人才特殊支持计划高层次创新团队 2 个；现拥有国家级研究中心 3 个，其中 1 个国家级蔬菜种质创新国家企业重点实验室；6 个部、市级重点实验室及实验站，11 个市级研究（工程）中心。

2. 科研活动及成效情况

（1）科研条件

2017 年建成占地 9 338 m^2 的珍稀食用菌标准化栽培及精深加工中试创新服务平台，具备试验、集成、中试、转化、孵化、合作、展示、培训平台八大功能，可围绕珍稀食用菌开展全产业链技术研发和成果转化；新建蔬菜研究所办公实验楼 4 733 m^2，建成种子加工检测中心 5 500 m^2，在蔬菜种子加工行业中属国内领先水平；建成农业部兽用药物与兽医生物技术天津科学观测实验站实验室 1 100 m^2，动物房 1 100 m^2，新饲料中试车间 2 000 m^2。

（2）科研项目及科技成果

2017 年新立项目 105 项，经费共计 4 491.23 万元，其中国家级项目 31 项；完成成果鉴定 5 项，其中 1 项达国际领先水平，2 项达国际先进水平，2 项国内领先；结题验收 54 项，现场验收 29 项；完成成果登记 65 项；申请专利 60 项，其中发明专利 44 项，PTC 申请 4 项；授权专利 30 项，其中发明专利 16 项；申请植物新品种权 9 项，授权 7 项；完成非主要农作物品种登记 9 个，取得 7 个主要农作物品种审定，其中国审水稻品种 2 个。获得天津市科学技术进步奖 11 项，其中二等奖 3 项，三等奖 4 项。

（3）重要科研技术进展

黄瓜育种技术方面，精细定位了黄瓜雄性不育突变体基因 Csa3M006660，并把该基因定位在 3 号染色体末端 76kb 的区域内，发现单一的非同义突变 SNP 在 Csa3M006660 基因位点上，将 Csa3M006660 CDS 序列在 WT 与 MS 中扩增出来比对发现第 1258 位碱基由 T 突变为了 G，使其编码的氨基酸第 420 位由酪氨酸突变为天冬氨酸，其 PHD 结构域为 Cys4HisCys3，克隆了 Csa3M006660 基因，将此基因定名为 ms-3，最终确认 Csa3M006660 为雄性不育基因的候选基因。利用 RNA-seq 技术分析黄瓜雄性不育和可育花蕾的差异表达基因，筛选出黄瓜雄性不育与野生型可育显著性差异表达基因 545 个，这些差异基因可作为育性相关候选基因开展进一步研究。

西瓜育种技术方面，加强了优质多抗种质资源创新，集成杂交、回交、分子标记辅助选择等技术研究，创新了一批优质、多抗四倍体和二倍体资源，育成的三倍体无籽西瓜新品种集抗枯萎病、无籽性好、品质优良、耐贮性好等多重优点于一身，成功解决了无籽西瓜在冷凉优生地区无法种植的问题，拓宽了种植区域；解决了二倍体西瓜优质与裂果、耐贮性差、货架期短的矛盾，同时改变了目前对瓤色的感官判定方法，使瓤色分类更加精准，促进了优质西瓜育种的科技进步和产业快速发展。

杂交粳稻育种技术方面，率先开展非转基因抗除草剂水稻育种，育成首个国审非转基因抗除草剂粳稻品种金粳 818，育成适宜不同稻区种植的系列抗除草剂品种集群；育成津稻 263，这是首个国审抗水稻黑条矮缩病粳稻品种。种子生产技术方面，创建了“粳型三系不育系株系重复繁殖原种生产方法”和“稳产高产高纯度高芽率一稳三高”制种技术体系，从根本上解决了杂交粳稻种子生产中长期存在的重大技术问题。

针对母猪生理特点和生长规律研制出母猪专用合生素，可使每头母猪年均活产仔数增加

津稻 263　　津蜜 55

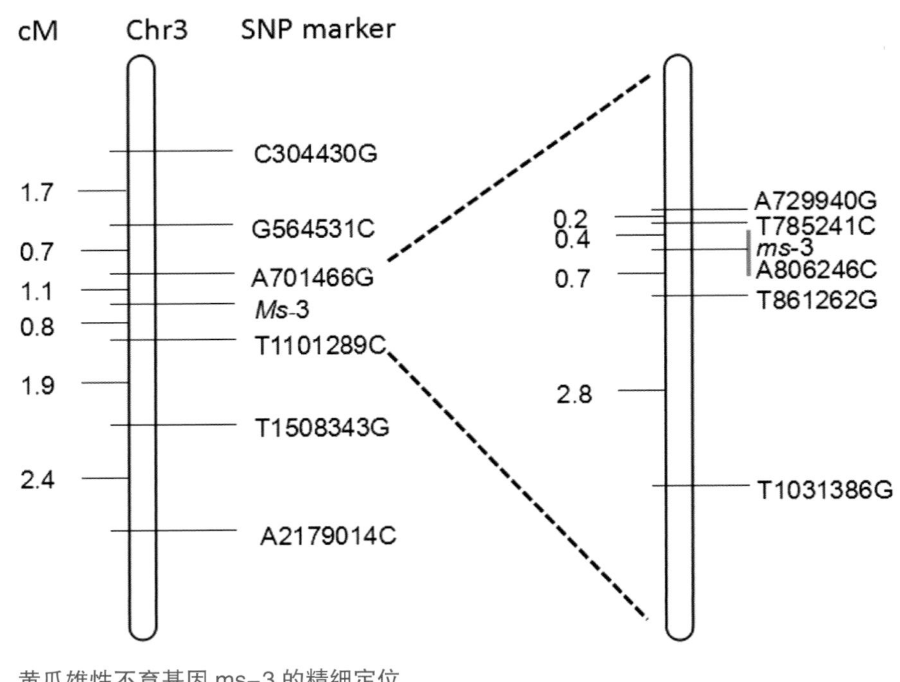

黄瓜雄性不育基因 ms-3 的精细定位

0.8 头，断奶仔猪个体重提高 7.77%，断奶仔猪成活率提高 6.57%，断奶与发情间隔为 6.5 天，母猪情期受胎率为 90.2 %，用以改善母猪的生理机能，促进母猪健康，有效避免用药风险，综合提高母猪繁殖效率。

（4）科技及帮扶与科技成果转化推广

围绕市委市政府确定的建设“三区”、推进农业供给侧结构性改革、打造现代都市型农业升级版的目标，实施了“五个一百”惠农工程，共组织专家 261 人深入农业农村开展下乡服务，建立服务示范基地、示范点 308 个，服务村、企和专业种养殖户 601 个。推广新品种、新技术、新成果 199 项，累计推广应用面积 652 万亩，畜禽养殖技术推广应用范围达到 100 万头 / 只；培训各类农业人员 17 030 人，建立科技示范户 1 848 户。高质量高标准完成天津市困难村帮扶工作，全年累计派出 40 名专家承担天津市的科技帮扶工作，累计服务近 2 400 人次，培训各类涉农人员 7 000 余人。我院帮扶组荣获武清区“发展产业富村强民专项先进驻村帮扶组”和“环境建设专项先进驻村帮扶组”称号。

围绕蔬菜种业着力开展新品种示范试种、技术服务、种子健康生产、精细化加工、产品质量跟踪工作。基于新品种、新技术等成果优势，开展技术咨询与服务、技术成果的转让或产业化开发，通过品种与技术创新组织创建农业名牌产品。其中“津优”系列黄瓜良种和“豐”牌系列蔬菜良种被评为天津市知名农产品品牌，共计产销良种 30 余万千克，完成销售收入近 7 000 万元，社会、经济效益显著。

（三）河北省农林科学院

2017年，河北省农林科学院认真学习贯彻党的十九大精神，坚持以习近平新时代中国特色社会主义思想为指导，牢固树立创新、协调、绿色、开放、共享的新发展理念，紧紧围绕农业供给侧结构性改革的主线，以服务全省农业提质增效绿色发展为目标，不断加大农业科技创新、科技服务力度，强化自身建设，引领支撑服务全省农业发展的能力显著增强。

1. 机构发展情况

河北省农林科学院成立于1958年，院机关内设9个处室，辖12个研究所，处所级干部69人。现有在职职工870人，其中科技人员722人，具有高级职称的505人。有博士123人，硕士321人。拥有国家百千万工程人选2人，享受国务院政府特殊津贴专家23人，省管优秀专家13人，省突出贡献专家56人，省巨人计划创新团队3个；国家现代农业产业技术体系岗位专家16人、试验站22个，省现代农业创新团队首席专家7名。拥有21个国家级、11个省级创新平台和完备的综合试验站、实验基地体系；建有2个院士工作站；博士后工作站具备自主招生资格。全院拥有各类科研仪器设备1万多台件，科学试验用地11 000亩，大宗作物育种、大豆、花生优质育种、农田高效用水、绿色高效植保技术、果品储藏保鲜等研究成效显著。

2. 科研活动及成效情况

2016年，落实省级以上项目107项，新增国家重点研发计划任务36项，获批国家自然科学基金8项，全院在研课题保有量565项，较上年增长28.4%。其中，主持的国家重点研发计划项目“农业面源和重金属污染农田综合防治与修复技术研发”获批，研究居国内先进水平。聚焦农产品质量与农田生态环境安全、农产品加工增值与农业业态创新、经济作物高效生

河北省农林科学院开展“三下乡”科技服务活动

产、粮油作物节本增效等四大领域，明确34项重点任务，深入实施农业科技创新工程，省财政支持专项经费实现历史性突破。顺利推进农业部华北地区果树科学观测试验站和国家环渤海地区园艺作物种质资源圃项目建设，获批河北省盐碱地绿化工程技术研究中心项目，全院平台体系进一步完善。全院新增国家现代农业产业技术体系岗位2个，试验站3个；新增省现代农业创新团队首席专家5名。

全年审定（登记）农作物新品种44个，审定标准32项，获专利权、品种权77项，大豆优质育种、绿色果蔬生产等研究取得重大进展。冀豆17千亩示范方亩产323.1kg，创我国大面积实收测产高产纪录。获得省级以上奖励成果12项，其中“水肥高效、抗逆、高产小麦新品种冀麦585选育及应用”和“大豆脂肪氧化酶鉴定技术与无腥味高蛋白大豆创制”项目，分获省科技进步一等奖和省技术发明一等奖，实现发明奖重大突破。

科技服务高效务实。建设高标准示范基地30个。宁晋综合基地连续三年实现节水50%、节肥20%、节工20%，成为全国春季农业生产会指定展示基地，受到时任国务院副总理汪洋同志肯定；井陉中药材基地创建“春看连翘花，满目黄金岭”的连翘生态种植模式，成为“荒山地”变“致富林”的典范，《人民日报》给予报道。服务全省种植结构调整，示范新成果新技术150项，培训农民4万余人，培育致富典型202个，向省政府及有关部门提供产业发展建议28份，得到省领导肯定性批示。

科技扶贫与区域协同发展扎实推进。驻张家口崇礼扶贫工作队发挥科技扶贫优势，大力发展区域特色果蔬生产和观光农业，受到省委省政府表彰；在阜城县率先实施“五个一”科技扶贫新模式，促进当地酿造高粱、设施瓜菜等传统产业升级，实现亩节本增效千元以上。对接雄安新区绿色果蔬供给，组建3支专家团队，建设2个绿色农产品供给基地，打造标

河北省农林科学院武安市万亩谷子示范基地

河北省农林科学院组织板栗基地科技服务

志性产品 2 个，提出调研报告和产业发展建议 2 份。深入推进京津冀农业科技协同发展，成立“京津冀盐碱地生态植被修复联合实验室”，组建协同创新团队 5 个，谋划实施合作项目 9 项，启动科技协同示范基地 6 个，开展现场指导 20 余次，培训农民和技术骨干 500 多名，区域协同发展的成效明显。

特色工作亮点突出。深入实施“渤海粮仓科技示范工程”，在全省 43 个县，建设千亩示范方 93 个，万亩辐射区 54 个，主推技术模式 8 项，鉴定科技成果 5 项，规模转化新成果 41 项，制定技术规程 6 项，获授权专利 11 项；建成南皮、威县、曲周 3 个国家级现代农业科技示范园区、22 个省级园区和 43 个标准化示范基地。全年示范推广辐射 1 712.7 万亩，较 2016 年提升 27%；增产 16.65 亿 kg，节水 10.8 亿 m^3，节本增效 36.5 亿元。项目实施期（2013—2017 年）累计推广辐射 5 197.5 万亩，增产 47.6 亿 kg，节水 41.4 万 m^3，节水增效 109 亿元。国家最高科学技术奖获得者、渤海粮仓项目发起人李振声院士评价河北渤海粮仓项目：技术模式突出，措施有力，成效显著，工作走在了全国前列。

（四）山西省农业科学院

山西省农业科学院是山西省政府直属的综合性公益一类科研事业单位，其前身可追溯到 1934 年的山西农事试验场，1959 年 2 月更名为山西省农业科学院至今。全院下设 23 个专业研究所、3 个研究中心和 3 个农业试验站，分布在全省 9 个地市。现有事业编制 3 187 名。截至 2017 年年底，在职职工 2 570 人，其中专业技术人员 1 886 人，占在职职工总数的 73%；研究生 807 人，占专业技术人员总数的 43%。全院离退休 2 456 人。

1. 扎实做好省委省政府交办的各项任务

承接省政府“13710”督办任务，其中，全方位参与农谷建设、实施农业科技创新行动计划、农牧交错带建设等 4 项工作均被评为优秀。在全省 40 个县推广渗水地膜谷子穴播技

2017 年 6 月 24 日受体羊成功产下两只克隆吕梁黑山羊

术 60 多万亩，经济效益显著，为种植区农民脱贫致富提供了有力技术保障。

葡萄品种“早黑宝”日光温室 Y 形架

2. 科研创新取得新成果

2017 年共开展科研课题 1 031 项，新开课题 462 项，争取经费 11 571.1 万元。鉴定科研新成果 8 项；通过国家审（鉴）定农作物新品种 3 个，省审（认）定农作物新品种 44 个，登记品种 28 个，4 个品种获农业部颁发的植物保护新品种权证书；获国家授权专利 255 件，发表学术论文 565 篇，出版著作 15 部；获山西省科学技术奖 15 项；获省质监局颁布的地方标准 68 个。

我们认真落实习总书记视察山西重要讲话精神，加强有机旱作农业科研协作攻关，承担了省科技厅有机旱作农业重大专项，总经费 2 180 万元。培育优质抗旱新品种，创建了适应不同生态类型的主要粮菜农艺农机一体化旱作农业技术体系，取得明显成效。

体细胞克隆技术取得重大突破。畜牧兽医研究所以吕梁黑山羊体细胞为克隆供体，将其与辽宁绒山羊卵细胞融合，成功产下两只吕梁黑山羊，成为山西省首例体细胞克隆羊，为山西省濒危家畜物种遗传资源保护开创了新模式与技术平台，也为转基因动物研究奠定了基础。

首次获得苦荞高质量的参考基因组序列。农作物品种与资源研究所杂粮种质资源基因组学研究首次获得了苦荞高质量（489.3Mb）的参考基因组序列，发现了苦荞中存在大量可能与植物耐铝、抗旱和耐寒相关的新基因，解析了天然产物芦丁的生物合成及耐逆机制。该研究为苦荞优良品种的定向选育奠定了分子基础，标志着我国在苦荞基因组研究领域已取得国际领先地位。

选育出一批优良作物品种。小麦新品种品育 8161，通过国家审定，生产试验平均亩产 334.4kg，比对照品种晋麦 47 增产 4.6%。玉米新品种中地 88，通过国家审定，生产试验平均亩产 998.2kg，比对照品种郑单 958 增产 6.7%。玉米新品种晋超甜 1 号，为山西第一个国审甜玉米品种，近年在黄淮海与西南区多省布点试验，具有广阔应用前景。

3. 科研平台建设取得新进展

旱农中心承担的“黄土高原东部旱作节水技术国家地方联合工程实验室”为山西省农业科研领域第一个国家级工程实验室。2017 年 12 月，环境与资源研究所的“退化土壤改良与新型肥料研发国家地方联合工程研究中心（山西）”和果树研究所的“园艺植物脱毒与繁育技术国家地方联合工程研究中心（山西）”获国家发改委审核批准，为科研提供了良好的条件。设立国家农业科学实验站基准站 1 个、标准站 9 个，涉及 9 个领域。

组建山西省农业科技创新联盟。1 月 24 日，由我院、山西省农业厅、山西农业大学联合省内 300 多家单位共同组织成立了山西省农业科技创新联盟。10 月 26 日，该联盟产业体系对接推进会在我院召开，会议围绕山西省科技创新机制及产业发展进行了座谈。

4. 示范推广取得新成绩

2017 年 680 名科技人员在全省 65 个县围绕一园一区一平台、特色优势产业、脱贫攻坚等开展 84 个推广项目，建立中心示范点 147 个，推广品种 281 个，集中展示先进适用简约化技术 251 项，配套高产高效技术模式 35 项，建立核心示范田 1.7 万亩，辐射推广 26.9 万亩，累计增加社会经济效益 1.8 亿元。

与 2 市、15 县建立院市合作、院县共建关系，促进了全省产业发展和农民增收。在运城市、隰县建立果业综合试验站，为玉露香梨产业发展提供科技支撑。与中国科协在岚县共同建立了马铃薯专家工作站。30 个农业科技示范基地建设得到了加强，示范样板、产业带动、区域影响力进一步增强。

5. 脱贫攻坚取得新成效

选派 12 名科技人员担任挂职副县长，助推贫困县产业发展。在 20 个贫困县安排农业产业发展科技引领工程项目和科技成果转化与示范推广项目 42 个，项目数量占全部推广项目总量的 50%，项目经费占推广项目总经费的 48.47%；在贫困县设置科技扶贫行动计划项目 15 个，并在临县、娄烦县、永和县、岢岚县、神池县建立科技推广示范基地。定点扶贫突出科技优势，狠抓产业扶贫，建设了 300 亩马铃薯种薯繁育基地、100 亩西梅基地、10 座香菇专用栽培大棚，引进改良肉牛 63 头，开展饲草玉米青贮示范，推广中小型农机具机械化耕种，促进了贫困户增收脱贫。

6. 综合改革开创新局面

为了逐步建立符合农业产业发展需求和科技自身创新规律及我院实际的管理体制和运行机制，我们从发展目标、存在问题、现有政策环境、对政府部门的体制机制改革预期等方面出发，聚全院之力，反复上下沟通研讨，形成综合改革方案，相继出台涉及管理、人事、科研、财务、国有资产等 9 类 43 项办法和制度。推动了管理工作向省政府要求的“服务、规矩、效能、担当、廉洁”的方向发展，对全院的管理和激发职工创新创业积极性产生良好的作用。

（五）内蒙古自治区农牧业科学院

1. 机构发展情况

内蒙古自治区农牧业科学院前身是 1910 年（清宣统二年）绥远将军瑞良奏请清廷获准设立的归绥农林试验场，这是内蒙古最早设立的农林技术研究机构，也是晚清中国首批建立的农业研究机构之一，至今已有 108 年的历史。

我院现有机构数 24 个（8 个职能处室，12 个研究所，3 个中心，1 个杂志社），现有职工 512 人，博士 97 人，硕士 100 人。正高 118 人，副高 117 人。

2. 科研活动及成效

（1）科研项目

2017 年全院共承担各类科研项目 270 项。其中，国家级项目 64 项，自治区级项目 206 项，项目总数比 2016 年增加 50 项；获得项目总资金 6 858.7 万元，比 2016 年增加 192.5 万元。

（2）重要研究进展

滴灌甜菜节本增效综合栽培技术模式研究，实现了在乌兰察布市示范田节水 30%，节肥 10%~15%，亩成本降低 200 元，产量提高 0.3~0.4t，含糖率提高 0.5 度；“北星”系列辣椒新品种得到大面积推广，解决了巴彦淖尔市无脱水加工甜椒专用品种的困境以及我区红干椒品种长期依赖进口的问题；油菜病虫草害综合防控技术研究，实现了内蒙古春油菜含油率提高 4%，增产 10%，农药利用率提高 8%、农药减施 25%，化肥利用率提高 10%、化肥减施 20%，节约生产成本 20%。

家畜繁殖技术研究在世界上首次进行了绵羊与山羊的远缘杂交；研究母羊 - 羔羊一体化营养调控技术，研发出母羊繁殖期各阶段配套日粮，实现了母羊 - 羔羊同步提高，使母羊繁殖成功率提高了 20%，哺乳期羔羊日增重提高了 18.4%；围绕肉羊、肉牛、奶牛疾病和防控技术开展关键技术研究，研制出了增强牛羊机体免疫力四季调理性功能型颗粒饲料 4 种；初步掌握了绵羊多潜能干细胞分离培养技术，筛选出了与伊维菌素耐药相关基因 8 个；开展了草原生态与草牧业关键技术研究，提出了一套草原资源核算与定量评估方法，示范推广了一套草畜互作关键技术；开展了天然草地改良与可持续利用技术研究，探索出了一套有利于提高放牧家畜综合生产性能和养殖技术水平的草原畜牧业生产经营模式。

（3）科研条件

开展了托克托科研基地 1 800 亩试验田土壤改良，四子王科研基地 391 亩草场土地证办理及部分基础建设工程，武川旱作农业试验站完成了种质资源库、温室的建设任务、补充购置了试验仪器、农机具等设备，巴音哈太基地原种圃与饲草田建设与更新工作进展顺利；组织推荐“国家农业科学试验站”15 个，承担监测点任务 22 个、组织申报农业部 2018 年度中央预算内投资计划中的综合性农业科学试验基地建设项目 1 个、农业科学观测实验站建设项目 4 个；院“科研信息管理平台建设项目”进入验收和试运行阶段、“优质青贮饲料加工技术”基地被评为自治区引进国外智力成果示范推广基地、“食用菌内蒙古自治区工程研究中心”完成主体建设、内蒙古自治区农牧业科学院草原研究所实验平台修缮建设项目、农业部有害生物综合治理呼和浩特野外观测站建设项目成功获批。

（4）科研成果

审（认）定了 K88 玉米、登科 13 大豆、蒙科 4 号大豆、牧科草木樨 2 号、乌拉特蒙古扁桃、农科 1 号木地肤等 6 个农作物和牧草新品种；在农作物种植、蔬菜加工、植物保护、家畜养殖、动物疫病防控、草地利用、生态修复等方面制定并发布地方标准、行业标准 41 项；获得专利 13 项；发表学术论文 103 篇，其中 SCI、EI 论文 11 篇；专著 5 部，参著 3 部。获得省级及以上奖励 15 项，其中，燕麦品种选育与栽培技术获自治区科技进步一等奖（参加）；旱作区水肥高效利用技术、谷子新品种选育、大豆品种选育、苜蓿新品种选育、绿色肉业发展关键技术（参加）等获自治区科技进步二等奖；肉牛高效养殖技术获自治区科技进步三等奖；燕麦产业化核心关键技术获神农中华农业科技奖科研成果三等奖（参加）；锦鸡儿新品种繁育、甜菜新品种栽培、细毛羊高效养殖技术、冷凉蔬菜新品种选育等方面获得自治区农牧业丰收奖。

（5）学科建设

立足自治区农牧业产业需求和我院科研优势及特色，深入推进学科建设，着力培育符合我区支撑现代农牧业产业发展的学科体系。进一步巩固了保护性耕作、向日葵、甜菜、肉羊、绒山羊、反刍动物营养等一批在全国学科布局中具有鲜明特色和优势的学科；着力提升了动物疫病防控、植物保护、旱作农业、草原生态、肉牛标准化养殖、旱生牧草品种选育、燕麦、大麦、亚麻、谷子、玉米、春小麦、马铃薯、食用豆、冷凉蔬菜育种与栽培、农畜产品质量检测与预警等我区产业发展急需支撑的学科；补强了生物技术、信息技术、农业遥感、农牧业经济、农产品加工等薄弱学科。

（6）科技扶贫

按照自治区脱贫攻坚总体部署要求，选派一名副院长专职担任自治区派驻库伦旗脱贫攻坚督导组组长，专项推进该旗扶贫工作。一年来驻旗总天数 250 天以上，遍访全部苏木乡镇 9 轮（次），深入贫困嘎查村 141 个（次），入户调查 1 227 户（次），累计发放调查问卷 8 000 余份，备案登记表 100 余份，发放督导通知书 8 期，约谈部门和苏木乡镇主要领导 8 人（次），整改事项 40 余项，扎实有力地推进了自治区各项扶贫工作措施的有效落实。认真落实自治区扶贫办部署的对口帮扶兴和县民族团结乡黄土行政村的工作，全年选派 28 名科技专家驻村开展科技帮扶。协调察右前旗糖厂、商都糖厂为扶贫点增加了甜菜种植任务，多调配了订单；为贫困户累计提供肉羊、甜菜专用肥、地膜等扶贫物质 6 万余元；推广了玉米、向日葵、甜菜、燕麦、胡麻新品种及丰产技术，建立核心示范区 470 亩、辐射区 2 200 亩，亩增收 86.5 元，累计增收 23 万多元，实现 8 个贫困户 17 人脱贫。

（7）科研成果转化和推广工作

获批各级各类示范推广项目 30 项，总经费 1 440 万元。以具有自主知识产权的现有成果为核心，依托自治区农业综合项目、自治区农业科技推广示范项目等，全院近 130 名科技人员，深入 11 个盟市 62 个旗县，建立了 65 个科技成果示范区、188 个示范点，示范推广包括小麦、玉米、向日葵、甜菜、小杂粮、蔬菜、牧草等 27 个新品种，玉米、向日葵、马铃薯膜下滴灌技术，农牧交错带保护性耕作技术，肉羊、肉牛、奶牛高效养殖技术与动植物疾病防控防治技术等新技术 73 项。累计示范推广 180 万亩，辐射推广面积达 1 950 万亩；培训技术人员、农牧民 2.2 万人次；印制并发放各类蒙汉文宣传彩页及小册 4.2 万份；通过新闻媒体、互联网、电台等进行科技宣传 35 次，取得了显著的示范效果。围绕小麦、向日葵等农作物的高产高效生产技术、盐碱地改良技术、肉牛肉羊高效养殖技术在杭锦后旗、四子王旗开展院地共建示范推广，推动了我院科技成果转化，促进了当地农牧民增收。

3. 2016 年度内蒙古科技进步二等奖 “旱作区水肥高效利用技术及稳产增效种植模式”

该成果针对旱作农田土壤退化和作物低产等生态、生产问题，开展了水肥土管理及稳产增效技术研究。探明了垄沟微地形耕作集雨的特征及水肥需求规律，揭示了不同垄沟种植方式的集雨效应并提出了旱地作物垄沟集雨种植技术，研发出 4 种配套播种机具及使用技术；总结形成具有抗旱减灾并稳产高效特征的粮经饲草优化种植结构与种养结合新模式。

4. 优质肉牛高效养殖与生产经营决策技术研发与应用成果简介

该成果围绕肉用母牛、犊牛和育肥牛饲养环节，研究了母牛高繁技术、犊牛定向培育技术、架子牛高效饲养技术、育肥牛精准饲养技术。项目示范区母牛繁殖率达到 82.7%，提高了 21.7 个百分点。母牛群体双犊率达到 20%，犊牛定向培育技术示范犊牛断奶体重 180 公斤以上。建立了“肉用母牛标准化养殖技术模式”，研发相应的饲料、设备产品 9 项，形成一项发明专利——“基于人工授精的母牛一胎双犊技术”，同时创新性地提出“现代肉牛产业可复制型发展模式—千繁百育十万斤特色牛肉生产模式”，为肉牛产业化提供了新的可供参考的发展模式。

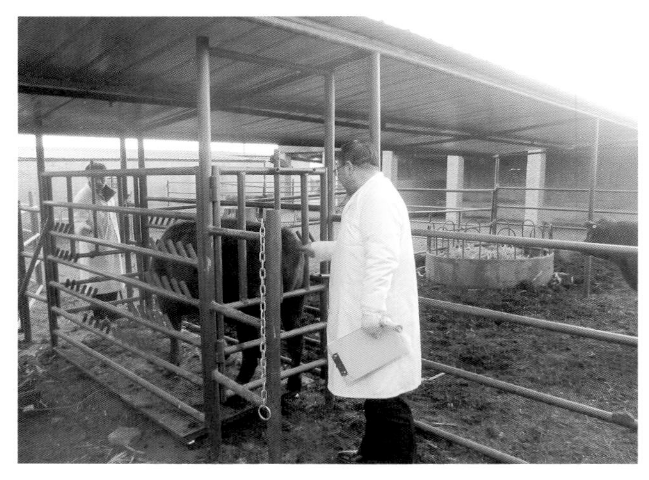

优质肉牛高效养殖与生产经营决策技术研发与应用成果简介

优质肉牛高效养殖与生产经营决策技术研发与应用成果简介

（六）辽宁省农业科学院

1. 机构发展情况

辽宁省农业科学院始建于 1956 年，是以种植业为主的综合性农业科研机构，为公益一类事业单位。

2017 年，根据辽宁省人民政府办公厅《关于推进省属科研院所供给侧结构性改革的意见》要求，辽宁省农机化研究所（沈阳，原隶属省农委）、辽宁省粮食科学研究所（沈阳，原隶属辽宁省农委）、辽宁省盐碱地利用研究所（盘锦，原隶属省农垦局）、辽宁省微生物科学研究院（朝阳，原隶属省科技厅）4 个财政全额拨款、独立编制的正处级科研院所整建制并入我院。目前全院有在职职工 1 791 人，退休职工 1 773 人，职工总数 3 564 人。在职职工中，专业技术人员 1 310 人，高级研究人员 615 人；博士 112 人、硕士 487 人。拥有 16 个国家（国际）研究、检测机构，16 个省级重点实验室，10 个省部级工程技术研究中心，是国家博士后科研工作站。张新友院士专家工作站、俞树迅院士专家工作站分别于 2016 年、2017 年落户我院。

2. 科研成效情况

（1）承担科技项目情况

全年争取各级各类科技项目 400 项，经费 1.258 亿元，其中国家重点研发计划、国家自然科学基金、国家部委专项及省市级等科技创新性项目 238 项，经费 9 197 万元；农业综合开发、国务院农村综合改革试点村级综合服务平台建设、科企合作等项目 162 项，经费 3 656.5 万元。

（2）获得成果情况

组织完成“北方杂交粳稻育种及关键技术研究与应用”等 24 个项目申报各级各类奖励工作，共获得 22 项奖励，其中获辽宁省科技进步一等奖 1 项、三等奖 4 项，辽宁农业科技贡献奖一等奖 3 项、二等奖 2 项，其他市厅级奖励一等奖 7 项，二等奖 5 项；申请品种审定（登记）71 个，其中申请国家品种登记 44 个，申请省品种审定 27 个；获授权专利 32 项，其中发明 12 项、实用新型 19 项、外观设计 1 项；承担制定地方技术标准 28 项；发表学术论文 406 篇，其中 SCI 论文 17 篇。

省委书记陈求发为我院获辽宁省科技进步一等奖代表隋国民研究员颁奖

杂交粳稻不育系材料繁殖田

耐密植、高产、宜机收玉米新品种辽单575

（3）重要研究进展情况

水稻研究方面：围绕杂交粳稻存在的问题，经过10多年的研究与探索，在种质创新、品质改良、品种选育、制种技术及配套技术等方面均取得了重大进展，撰写3部专著，发表相关论文55篇，获得国家发明专利2项，丰富了北方杂交粳稻研究理论与实践；育成了大柱头高外露率辽105A等系列骨干不育系；育成系列强优势高产组合辽优5218、辽优1052、辽优9906等，其中辽优5218、辽优1052被认定为超级稻；育成9个米质达国家2级米以上优质新组合；首次系统研究北方杂交粳稻异交结实机理和制种技术，制种产量取得新的突破（高的亩可达300kg。成果“北方杂交粳稻育种及关键技术研究与应用”2017年获辽宁省科技进步一等奖。

玉米研究方面：在国内首次将1个抗玉米尾孢灰斑病的主效QTL定位在玉米1号染色体短臂的bin1.04~1.05处，该QTL可以解释53.0498%的表型变异率，加性效应达到-2.7218，显性效应达到-1.07；选育的玉米新品种辽单575和辽单1281具有耐密植、高产、适宜机收等特点，有望于2018年年初通过国家审定。

花生研究方面：建立了高效稳定的农杆菌介导的花生转化体系，并将耐旱转录因子DREB2A导入花生中，成功获得转基因植株并获得F1代种子，经PCR鉴定转化率达到55.8%；选育的花生新品种阜花30号创东北花生单产新高，亩产达587.5kg。

大豆研究方面：4 个大豆新品种通过省级审定，其中辽豆 50 脂肪含量达到 22.64%，超出高油品种脂肪含量标准 1.14 个百分点。

高粱研究方面：育成适宜机械化栽培糯高粱品种辽糯 11，高抗蚜虫、抗叶病、抗倒伏，产量表现优异，小面积平均亩产 816.5kg。

日光温室栽培羊肚菌

食用菌研究方面：选育出“辽羊肚菌 1 号”野生羊肚菌品种，在辽宁省成功实现人工栽培，填补了东北地区人工栽培的空白，日光温室栽培创造了亩产 364kg 的高产纪录。

柞蚕研究方面：育成世界首例全茧量雌雄开差小、耐微粒子病的柞蚕新品种辽蚕 582 及杂交种辽蚕 5821。

3. 科技扶贫

对口帮扶县的扶贫工作：按照省委省政府扶贫开发工作部署，以对口帮扶的阜蒙县、彰武县、义县、建昌县、岫岩县五县为工作重点，选派 55 名科技骨干组建了 5 支科技扶贫服务队，在对口帮扶地区共实施重大科技项目 42 项，整合投入科技项目资金 956.3 万元，建立现代农业示范基地 35 个，科技支撑帮扶地区农事龙头企业 23 家。引进新品种 207 个、推广新技术 125 项次，示范推广面积 71 万亩，新增经济效益 1.4 亿元；开展科技培训 192 次，现场指导 512 次，培训农民 10 978 人次。

定点扶贫村的帮扶工作：向建昌县大屯村、阜蒙县莫古土村、岫岩县河北村选派 3 支驻村工作队，围绕优质杂粮、杂交肉羊、特色水果、庭院经济等优势产业开展科技帮扶工作。投入项目经费 100.3 万元，推进以精品谷子、酿酒高粱为主的优质杂粮和以优质葡萄、大枣、梨等为主的特色水果产业，2017 年大屯村新增经济效益 233.5 万元；协调省扶贫资金 130 万元，建设新村部和杂粮加工厂，并引进先进加工设备及包装生产线，生产的“富硒小米”已经投放市场，壮大了村集体经济；对 17 位贫困学生进行“一对一”助学，实现了贫困学生全覆盖帮扶，举办了贫困学生“农科一日”夏令营活动，邀请全体帮扶学生利用假期到省农科院参观学习，并组织参观“九 · 一八”历史博物馆。我院定点帮扶的建昌县大屯村和岫岩县河北村 2017 年完成整村脱贫摘帽。我院科技扶贫事迹在各级新闻媒体报道 51 次。

（七）吉林省农业科学院

吉林省农业科学院前身是 1913 年建立的南满铁道株式会社公主岭农事试验场；1938 年改称伪满洲国国立公主岭农事试验场；1946 年国民党政府接管，改名农林部东北农事试验场；1948 年东北解放，建立了东北行政委员会农业部公主岭农事试验场；1950 年改为东北人民政府农林部农业科学研究所，是当时新中国接收的 3 个成建制专门农业科研机构之一；1953 年改称东北行政委员会农业局东北农业科学研究所；1954 年改为农业部东北农业科学研究所；1958 年改为中国农业科学院东北农业科学研究所；1959 年下放到吉林，成立吉林省农业科学院。2004 年吉林省政府和中国农业科学院依托吉林省农业科学院共建“中国农业科技东北创新中心”，与吉林省农业科学院合署办公。

全院下设畜牧科学分院（畜牧兽医研究所）、动物生物技术研究所、动物营养与饲料研究所、草地与生态研究所、农业生物技术研究所、大豆研究所、农业资源与环境研究所、农业经济与信息研究所、农产品加工研究所、植物保护研究所、作物资源研究所、果树研究所、玉米研究所、水稻研究所、经济植物研究所、农村能源与生态研究所、花生研究所、农业质量标准与检测技术研究所、良种繁育实验场 19 个科研科辅机构，1 个海南科学实验基地，1 个洮南综合试验站。

现有在职职工 1 118 人，科技人员 826 人，其中，高级研究人员 389 人。现有博士 141 人、硕士 314 人。博士生导师 3 人，硕士生导师 94 人。158 人次获得省级以上荣誉称号，其中，“百千万人才工程”国家级人选 5 人；全国杰出专业技术人才 1 人；国家“有突出贡献中青年专家”3 人；享受国务院政府特殊津贴专家 16 人；农业部农业科研杰出人才 2 人；吉林省资深高级专家 2 人；吉林省高级专家 20 人；吉林省杰出创新创业人才 1 人；吉林省拔尖创新人才 68 人；吉林省有突出贡献中青年专业技术人才 36 人；吉林省优秀专业技术人才 1 人；吉林省优秀高技能人才 1 人；农业部杰出青年农业科学家 1 人。

目前，我院承担国家和省级研究中心、重点实验室、基地 70 个，国家现代农业产业技术体系 15 个岗位专家，11 个综合试验站，吉林省现代农业产业技术体系 6 个首席专家。现有仪器设备 9 879 台套，其中 1 万元以上的 2 555 台套。收集保存玉米、水稻、大豆、杂粮杂豆、特色蔬菜及工业大麻等各类农作物种质资源 4.33 万份。编辑出版《玉米科学》《东北农业科学》《农业科技管理》3 个学术期刊。

2017 年我院以国家和省经济工作会议、农业农村工作会议精神为指引，以农业供给侧结构性改革为主线，狠抓科技创新，强化科技服务和人才队伍建设，切实加快成果转化，各项工作成效显著。

1. 科研立项持续向好

全年承担各类科研项目 336 项，合同经费 1.53 亿元。其中，国家级项目 44 项，合同经费 9 689 万元；省级项目 100 项，合同经费 3 058.5 万元；其他项目 192 项，合同经费 2 566.45 万元。主持国家重点研发专项“东北中部春玉米、粳稻改土抗逆丰产增效关键技术研究与模式构建”，经费 3 641 万元；主持国家重点研发计划课题 7 项，经费 3 827 万元；争取到农业部植物新品种测试公主岭分中心、国家新品种审定特性鉴定站，经费 1 055 万元；新增国家现代农业产业技术体系 2 个岗位科学家、1 个综合试验站，年新增经费 190 万元。

2. 科技产出成果丰硕

全年有 159 项科研项目通过鉴定验收。通过审（认）定的植物新品种 19 个，其中，通过国家审（认）定 4 个，通过省级审（认）定 15 个；获得植物新品种保护权 10 件；授权专利 68 件；肥料产品登记 2 个；发布吉林省地方标准 24 项。获得各级科技奖励 40 项。其中，国家科技进步二等奖 1 项，中华农业科技奖二等奖 1 项，三等奖 4 项；吉林省自然科学奖一等奖、二等奖各 1 项；吉林省技术发明奖二等奖 1 项；吉林省科技进步一等奖 2 项、二等奖 8 项、三等奖 4 项；吉林省成果转化贡献奖二等奖 1 项；其他奖励 16 项。发表论文 303 篇；出版著作 10 部。

3. 重点研究领域持续创新

玉米新品种选育，审定新品种数量和质量创近 10 年新高；吉单 66 成为全国省级农科院唯一国审籽粒机收品种；以幼胚培养为代表的单倍体加倍新技术取得新突破，达到 1 年成系的技术水平。优质食味水稻育种，吉粳 515 获评“第八届吉林省优质米品种”第一名，吉粳 528 获得“2017 年全国优良食味粳稻品评”一等奖。大豆“两高”杂交种，杂交豆 5 号制种产量达到 1 346.74kg/hm^2，创造杂交大豆制种产量新纪录，有望突破杂交大豆产业化的技术瓶颈。非主要农作物育种，9 个高粱新组合、3 个花生新品系、1 个食用型向日葵杂交种正在申请国家品种登记。畜禽育种及配套技术，草原红牛供种核心群达到 512 头；松辽黑猪选育至第 13 个世代，新吉林黑猪已至 3 世代核心群；构建吉林芦花鸡核心群 3 000

杂交大豆千亩连片示范田

自主研制的国际先进的畜禽用动物呼吸测热系列装置

草原红牛供种核心群

吉林芦花鸡核心群

套、矮脚芦花鸡核心群 2 000 套、吉林黑鸡核心群 1 000 套、宫廷黄鸡 500 套；构建肉用美利奴羊核心群 600 只；研制出移动式羊、牛用智能呼吸代谢测定装置 7 套。特色果蔬，选育出苹果矮化砧“GM-301”“高金”苹果和“福禄”李新品系。开展寒地梨南繁育种技术研究，有望为寒地果树育种效率提高开辟新途径。开展工业大麻研究，引进美国高 CBD 含量大麻资源 3 份。开展无采暖温室茄果类蔬菜越冬试验，为拓展设施蔬菜产业发展提供技术支撑。生物技术，完成了农业部委托的转基因玉米区域综合性状评价和展示工作，巩固了我院“国家转基因玉米大豆中试与产业化基地”的国家站位；11 个抗病虫转基因大豆和养分高效利用转基因玉米转化体申请进入环境释放安全评价阶段。玉米秸秆综合利用，通过东北区域玉米秸秆综合利用协同创新联盟，围绕玉米秸秆肥料化、饲料化、能源化、基质化关键技术，开展不同地域、不同学科、不同环节协同创新，取得显著进展。玉米丰产增效技术，研制出滴灌专用水溶肥料，实现精准施肥；建立机械化分次高效施肥技术体系；形成雨养条件下水分高效利用技术模式，提高自然降水利用效率10%以上。生物防治，建立秸秆还田模式下的生物防治玉米螟技术，研制出生物农药新剂型，杀虫周期较单一使用白僵菌缩短20%以上；完善了米蛾卵工厂化生产稻螟赤眼蜂技术，发明并应用新型水旱两用放蜂器，示范推广面积20万亩；提出玉米苗后除草、病虫害一体化防控与航化生防相结合的农药减施集成技术。农产品加工，开发出高水分组织化蛋白、双蛋白干酪、功能性纳豆和发酵豆奶4种新型豆制品；筛选获得不同功能益生菌新菌株8株，开发益生菌、特产资源等系列健康食品9种。检测技术研究，开发出检测新方法6种，进一步完善了农产品品质分析、安全评价检测技术体系。农村能源研究，寒冷地区沼气增保补温技术熟化程度有新的提高，低温沼气发酵菌剂配方进一步优化，产气量提高30%以上；选育广温型白灵菇杂交品种3份、抗逆性强的大球盖菇品种2份。

玉米秸秆归行作业现场展示

玉米秸秆深翻还田技术现场展示

4. 平台建设进一步加强

加强平台运行监管，完成了农业部东北作物基因资源与种质创制重点实验室等5个平台项目建设验收；完成8 000m^{2}各类科研用房、47万m^{2}田间建设等工程，新增331台（套）仪器设备；加强安普温室管理，更换了部分设施设备，电费同比节约20%以上；完成农发办 980 万元的试验地基础设施建设项目；规划了转基因实验基地，落实了南繁育种开放性实验室项目等所需建设资金，进一步提升了海南基地育种支撑能力。

5. 学科建设逐步完善

设立人才工作专项基金。结合发展现代农业的需求，在原有学科基础上，通过整合、新建等方式，全院共组建应用基础、应用研究、技术支撑、科技服务类研究团队 93 个，搭建了人才梯队，形成了攻关合力。增加博士后工作站资金投入，招收全职博士后，进一步拓宽了我院引进、培养人才渠道。引进博士和副高级职称人员 7 人，硕士 28 人；招收联合培养研究生 35 人。

6. 脱贫攻坚扎实有效

选派 3 名科技特派员支援贫困村建设，为全省脱贫攻坚贡献力量。对定点帮扶村，坚持科技助力精准扶贫，因地制宜扶持贫困村发展芦花鸡、肉羊养殖业、庭院经济和订单农业等产业，形成了可持续脱贫机制；组建种养合作社 1 个，落实 55 万元扶贫资金，帮建了 3 个帮扶项目；为贫困村民无偿提供了酿酒专用高粱、高品位小冰麦、吉林优质芦花鸡等品种及果树苗木；举办“畜牧养殖技术”专题培训班，培养种羊大户 100 余人；通过基层党支部结对帮扶等方式，推动 522 户 1 068 人脱贫，实现年内整村脱贫，在全省组织的年度考核中被评为“优秀”等次。

7. 科技成果转化快速发展

强化院地、院企合作推广体系建设，建立政产学研联动机制，形成覆盖全省的成果技术推广示范体系。建设农博园现代农业示范区、长春绿园区新农家村都市农业产业试验区和农安哈拉海、东辽辽河源、松原华侨农场等现代农业示范基地。推广吉单 50、吉单 66 等玉米品种 100 余万亩，吉粳 81、吉粳 511 等水稻品种 300 余万亩，吉育 86、吉育 202 等大豆品种 210 万亩，吉杂 124、吉杂 127 等高粱品种 50 余万亩，谷子、绿豆等杂粮杂豆近 20 万亩。推广优质地方种鸡 1 万余羽。示范推广玉米肥料优化管理关键技术 110 余万亩，增产超 6 万吨，增收近亿元。推广应用白僵菌封垛防治玉米螟技术和赤眼蜂防治水稻二化螟技术近 200 万亩。全年转化科技成果 40 余项，转化收益 2 000 余万元。

（八）黑龙江省农业科学院

2017 年是新时期我院改革发展进程中十分重要的一年。全院上下按照中央、省委省政府关于农业供给侧结构性改革的总体部署，开拓进取，扎实推进创新驱动发展战略，深入实施新发展理念，强化改革开放合作和服务，在多个领域取得突破性进展。

1. 科技创新能力提档升级

一是科研项目争取能力稳步提升。全年共获得国家级、省级和地市级科研项目 91 项，总经费 11 623 万元，其中，国家级项目 57 项，10 639 万元。国家自然科学基金 8 项，为历年立项数之首。国家重点研发计划重点专项“东华北区早熟抗逆耐密适宜机械化玉米新品种培育”和“东北北部春玉米、粳稻水热优化配置丰产增效关键技术研究与模式构建”获立项主持。二是科技创新平台支撑力有所增强。新增国家现代农业产业技术体系特色蔬菜体系试验站，新增食品加工等 4 个省级重点实验室和寒地野生大豆资源利用等 3 个省级工程技术

民猪优异种质特性遗传机制、新品种培育化（2017 年国家科学技术进步奖二等奖）

寒地早粳稻优质高产多抗龙粳新品种选及产业及应用（2017 年国家科学技术进步奖二等奖）

研究中心。国家农作物品种测试站项目获批准，总投资 2 810 万元。3 个农业部学科群区域重点实验室启动试运行。三是新优科技成果产出保持稳定。本年度共审定作物新品种 38 个（其中玉米 9 个、水稻 14 个、大豆 13 个、小麦 2 个）。围绕农业“三减”，以寒区沼气发酵技术、寒地水稻机直播栽培技术、水稻节本降耗增产增效技术、大豆窄行免耕轮作技术等为代表的一系列实用技术均取得突破。四是科技奖励收获丰硕。共获各级各类成果奖 77 项。其中，“民猪优异种质特性遗传机制、新品种培育及产业化”和“寒地早粳稻优质高产多抗龙粳新品种选育及应用”获国家科技进步二等奖。“寒地野生大豆资源收集、评价及新种质创制的应用”和“马铃薯种薯质量检测与病害综合防控关键技术研究及应用”分别获中华农业科技一、二等奖。“民猪资源特性及其遗传机制”获省自然科学一等奖。21 项成果获省科技进步二、三等奖。五是科研队伍结构不断优化。人才梯队建设进一步加强。新增二级研究员 15 人，总数达 40 名，在岗 27 人。新增省级领军人才梯队 2 个，总数达 19 个，省级领军人才梯队带头人和后备带头人达 50 人。院级学科梯队完成首轮建设期末考核评估、调整和新建工作，确定院级学科梯队 119 个。人才培养体系日趋完善。全年有 27 名博士后进出站，有 14 人获得国家和省级博士后资助项目，获资助经费 110 万元。新培养博士 9 人，举办博士论坛 4 届。筹资 264 万元，设立院级项目 66 个。举办了论文大奖赛，78 名科研人员获奖。

2. 成果转化开创新局面

一是自育品种继续保持市场优势地位。2017 年度我院品种占全省播种面积约 60%，各主要作物播种面积占比分别为水稻 83%、大豆 67%、玉米 34%、小麦 91%、马铃薯 35%。水稻绥粳 18 已跃升为全省第一大主栽品种，大豆黑河 43 已成为全国种植面积最大的大豆品种，马铃薯克新 1 号仍是全国播种面积最大品种。

二是成果转化平台建设得到加强。全年共转化成果 136 项，转化金额 9 390 万元。申请专利 145 件，获得授权 211 项。龙科企业孵化器已累计孵化企业 58 家，累计争取政府平台建设资金 225 万元。龙科成果产权交易中心共转让品种 49 个，实现交易金额 3 123 万元。三是强化我院对外展示宣传。获省会展局 36 万元专项经费支持，首次以“强科技供给之源，促产业发展之需”为题，组织全院 31 家单位参加第五届黑龙江绿色食品产业博览会，获得优秀组织奖。国家有关部委在京举办“砥砺奋进的五年”大型成就展暨十九大献礼中，我院作为唯一省级农科院受邀参加，受到国家发改委等有关单位的表彰。四是新获农业开发大项目支撑。2017 年我院被省农开办重新归为独立部门进行管理，履行市（地）级农业开发办职责并得到“大庆春雷生态高产标准农田项目”资金 2 000 万元。

3. 服务“三农”形式更加多元化

一是通过推广项目带动地方农业生产结构优化。自筹资金 50 万元首立院级“高效绿色现代农业示范项目”，推广我院最新技术成果。二是扎实开展“三区”人才项目。全院有 323 名科研人员在全省 28 个“三区”县市开展科技服务，累计下乡 2 250 人次，下乡天数 4 630 天，推广新品种 416 个，新技术 262 项，解决生产技术问题 1 210 个，直接服务面积 186 万亩。三是加强科普创制与宣传。发行《牛倌父子养牛记》《胖婶养猪记》两部科普动漫片，10 部系列科普动漫片、6 套科普系列图书项目全部顺利完成。四是利用“互联网 +”理念增加科技服务维度。黑龙江农业科技服务云平台完成项目验收工作，正式上线面向全省开展技术服务。五是继续开展“科技援疆”工作。作为全省第三批援疆牵头单位之一，我院选派 8 名专业技术人员赴十师北屯市畜牧兽医站、农科所、农技站等单位。六是扎实开展定点扶贫工作。投入资金 20 万元，开展帮扶项目，有针对性开展“一户一策”的脱贫攻坚。院领导及相关处、所负责人 12 次带队到村里走访、调研、慰问贫困户，资助贫困学生，组织职工认购贫困户农副产品价值 8 万元。争取专项扶贫资金 35 万元，落实“区域特色产业精准扶贫技术示范与推广”项目，得到了地方政府和村民一致认可。

（九）黑龙江省农垦科学院

1. 机构发展情况

经过近 40 年的建设发展，黑龙江省农垦科学院成为涉及作物、农机、畜牧、信息、土肥、植保等研究领域的 10 个研究所，1 个农机鉴定站，1 个农产品检测中心和 1 个实验农场的综合性农业科研机构。全院占地总面积 4 075.9 hm^2，职工 1 500 人，科研人员 400 余人，其中高级专业技术人员 207 名，具有硕士以上学位的 139 名。我院始终围绕垦区现代化大农业建设涉及的关键技术问题开展科学研究，研究方向包括作物育种、耕作栽培、植物保护、农业工程、畜牧兽医、农业信息、农产品检测、农机鉴定等领域。2017 年是垦区体制改革启动之年，结合垦区“十三五”科技发展规划和我院七届四次职代会报告精神，围绕我院 2017 年重点科研工作任务，强化管理，层层分解，逐项落实，各项科研工作进展取得预期效果。

2. 科研活动及成效情况

遵循发展规划，科技创新稳步推进：2017 年我院新增科研课题 38 项，在研课题 122 项。到账科研经费 3 402 万元。年内课题结题鉴定 55 项。水稻方面：引进和创制了上万份种质资源，育成了一批新品系参加各级品种试验；采集大田试验数据与影像资料相结合，开发出《稻得经》手机 APP 软件并出版科技书籍，为寒地水稻标准化生产提供技术支持。旱田作物研究方面：玉米研究创制了一批种质资源，有多个杂交组合参加各级品种试验，并开展了相关的农作物栽培技术措施研究；大豆育种优势明显；春小麦冬播技术，将形成技术规范指导垦区开发春麦冬种。经济作物方面：主要是油菜、马铃薯、食用菌和燕麦的研究取得可喜进展。农作物其他研究方面：植保微生物技术筛选出的防治新药剂示范效果显著，NK3-4 菌剂在水稻上的应用研究有深度，在农作物健身防病上应用效果良好。信息化技术方面：为示范农场提供了作物种植分布与长势遥感监测专题图和处方专题图，将提升垦区农业生产信息化技术水平。畜牧研究方面：以奶肉牛产业技术体系内容为重点，开展奶牛、肉牛、猪、鹿、饲草等相关研究。农业装备研究方面：水稻摆栽机侧深施肥机对整体结构进行优化；低漂移低药量喷杆喷雾机和黏重土壤马铃薯收获机完成图纸及样机设计方案；土壤耕层深翻作业关键技术及装备完成样机制造，示范效果良好。

科技人员在进行水稻杂交授粉工作

审视科技成效，科研成果暂获丰收：12 个农作物新品种通过审定。其中大豆品种 9 个；玉米品种 1 个；水稻品种 2 个。玉米品种垦单 19 和垦单 24 获得植物新品种保护权，使我院目前获得植物新品种保护权的数量达到 38 个。获得地市级以上奖励 13 项。我院自育的水稻新品种（品系）垦稻 95 和垦香稻 15998 分别荣获“2017 年全国优良食味粳稻品评”一等奖和二等奖。获得专利 24 项，计算机著作权 1 项，发表各类论文及论著 102 篇。

完善转化功能，促进科研成果推广：2017 年我院通过“农发”和“农技推广补贴”项目推广新品种 31 个，新技术 23 项，推广面积 30 万 hm^2，新增效益 2.0 亿元以上。共承担科技推广课题 28 个，经费总额 1 770 万元。其中全国基层农技推广体系改革与建设补助项目 15 项，经费 1 270 万元；承担垦区农发科技推广项目 13 项，经费 500 万元。与垦区 9 个管理局 75 个农场确定了合作关系，建立了示范基地，以专家 + 基地 + 示范户为推广模式，以技术和物化补贴为保障，加快了科技成果的转化速率，提高了农场的生产能力，为垦区的结构调整、提质增效、绿色生产提供了有力的科技支撑。

整合公共资源，加强科研平台建设：借助国家产业技术体系等平台，跻身国家产学研创新联盟及行业协会联盟，获取最新农业科技创新动态，参与联盟共同行动，持续扩大我院对外知名度。我院现参与国家农业科技创新联盟、东北区域玉米秸秆综合利用协同创新联盟、东北黑土资源保护产业技术创新战略联盟等九大科技创新联盟，涵盖农作物栽培、农业资源可持续化利用、土地资源保护等专业领域。2017 年农业部启动农业基础性长期性科技工作，

国家水稻产业技术体系新装备展示会

我院承担了国家作物种质资源、农业环境、畜禽养殖、国家动物疫病、天敌等昆虫资源、农产品质量安全 6 个分中心的观测监测任务。新增一个现代农业产业技术体系水稻佳木斯综合试验站。测试化验中心入围全国土壤污染状况详查实验室，并加盟黑龙江创新创业共享服务平台。

面向创新领域，拓展对外合作交流：我院主办了省农机装备产业技术协同创新体系暨垦区农技推广项目现场观摩会；与中国农机院合办了水田新技术装备演示研讨会；承办的科技创新重点专项“玉米密植高产宜机收品种筛选及其配套栽培技术”项目研讨会顺利召开；组织科技人员赴农业部食物与营养研究所就马铃薯主食化项目进行对接；选派水稻育种专家参加全国粳稻主栽品种食味品评及品评员考核；组织参加“全省促进农业科技成果转化培育经济发展新动能推进会议”和“第五届黑龙江绿色食品产业博览会和哈尔滨世界农业博览会”并布展宣传我院科技成果；组织科技人员参加 2017 年中国食用菌产业年会。中德牛业发展合作项目德方专家到垦区示范牧场现场指导；扬州大学凌启鸿、戴其根教授到垦区落实项目内容；“东北区域玉米秸秆综合利用协同创新联盟”技术负责人王立春研究员来我院调研考察；国家燕麦、荞麦产业技术体系首席科学家任长忠来我院进行学术讲座。中国热带农业科学院南亚热带作物研究所到我院交流洽谈科技合作；我院与农业部沼气科学研究所合作开展畜禽粪污处理技术研究座谈会。

（十）上海市农业科学院

上海市农业科学院成立于 1960 年，下设作物育种栽培研究所、林木果树研究所、设施园艺研究所、食用菌研究所、畜牧兽医研究所、生态环境保护研究所、农业科技信息研究所（数字农业工程与技术研究中心）、生物技术研究所、农产品质量标准与检测技术研究所、上海市农业生物基因中心等 10 个研究机构，1 个综合服务中心和 1 个综合试验站。拥有 25 个国家级和部市级科技创新、成果转化平台，博士后科研工作站 1 个。全院现有在职职工 840 名，其中专业技术人员 670 名，高级专业技术职务科技人员 300 名，硕、博士 539 名，国家及地方领军人才 16 名，享受国务院政府特殊津贴专家 71 名。

2017 年，上海市农业科学院积极顺应上海都市现代绿色农业高质量发展要求，加快推进创新导向重大转变和服务重心重大调整，着力提升科技自主创新能力、成果转化应用能力和现代院所治理水平，农业科技供给水平得到持续提升，都市现代农业科技创新中心建设成效显著，农业科技成果的显示度、影响力得到显著增强。

1. 都市现代农业科技创新中心建设扎实推进

以绿色生态农业科技创新为重点，以高效安全农业和功能营养农产品为科研主攻方向，研究制定、推进落实上海都市现代绿色农业科技创新攻坚计划。策划启动了“卓越团队”建设计划项目，首批获资助“卓越团队”15 个，其中 A 类 5 个，B 类 10 个。推进科技创新联盟建设，组建了长三角农产品质量安全科技创新联盟并当选第一届联盟理事长单位。加入上海功能食品产业技术创新战略联盟，积极筹备成立上海植物工厂产业联盟。与国际机构“国际竹藤中心”签署科技合作协议，与闵行区、松江区签署农业科技创新合作框架协议，与崇明区签署花卉岛建设专项合作协议。

2. 学科建设、基地平台建设成效显著

着力建立科学、规范、可操作的学科评估指标体系，不断深化学科建设管理体制改革。“低碳农业工程技术研究”“风险评估生物学实验室建设”“农业新型智库建设”等 6 个领域获得专项财政支持；承担了农业部“转基因牡丹新品种培育及产业化研究”重大专项中的牡丹高效遗传转化体系构建和转基因新技术研究 2 个专题。农业部转基因植物环境安全监督

检验测试中心（上海）第三次顺利通过了农业部和国家认监委组织的国家计量认证农业评审组“2+1”现场复评审。推进农业部基础性长期性科技工作，新增上海市鲜食玉米产业体系 3 个专业组和 2 个试验站的研发示范。

3. 科研成果产出能力持续增强

科研项目种类和数量稳中有升，全年申报各类计划项目及课题 596 项，获批 258 项，合同经费 14 552.43 万元，比去年增加 11.4%。7 项成果获 2017 年度上海市科学技术进步奖，其中“天然活性多糖质效控制关键技术与产业化应用”获科技进步一等奖，“果蔬化学农药生态替代技术研发与集成应用”和“转基因植物安全性评价关键技术及应用”2 项成果获科技进步二等奖，“调节餐后血糖的水稻高抗性淀粉基因发掘及新品种选育”成果获技术发明二等奖，“优质、高产、多抗甘蓝型双低油菜品种沪油 21 的选育和推广”“重要球根花卉种质创新与产业化关键技术”和“农业秸秆资源化综合利用关键技术集成与应用”3 项成果获科技进步三等奖。《加工专用灵芝新品种选育、推广应用及其保健产品的研发和产业化》《早熟优质抗逆丰产系列菜用大豆新品种的选育及应用》分别获得 2016—2017 年度中华农业科技奖科研成果类二等奖、三等奖。申请国家发明专利 135 件、实用新型专利 3 件，外观设计专利 1 件，26 件发明专利获得授权，获实用新型专利 10 件；申请农业植物新品种权 15 件、授权品种权 12 件；获得软件著作权 13 件。通过国家审定（鉴定）、省市级审认定品种 43 个。发表论文累计 367 篇，被 SCI 收录 72 篇，SCI 收录论文影响因子总和达 179.99，比去年增长 27.6%。主编出版专著（编著）6 部，合编 9 部。

4. 成果转化应用能力明显提升

推进种业人才发展和科研成果权益改革试点，加强院属科技成果转化平台建设，促进农业科技成果转化应用。全年举办 6 场农业科技成果转化路演，院科技成果转化项目共计 31 项，转化项目金额同比增长 300%。

5. 国际交流合作拓展深化

围绕国家“一带一路”对外合作建设，积极对标国际一流，拓展对外合作交流广度深度，进一步提高“引进来”和“走出去”的质量。5 项引智项目分获国家外专局和上海市外专局立项，我院特聘教授获 2017 年上海市“白玉兰纪念奖”。年内举办了“中日美柑橘创新技术国际研讨会”“第三届中日低碳农业研讨会”“农产品中真菌毒素国际培训班”“2017 年发展中国家食用菌生产技术国际培训班”等国际学术研讨活动，接待境外来宾 32 批次、320 余人次。

上海市科学技术奖

证 书

为表彰上海市科技进步奖获得者，特颁发此证书。

项目名称：天然活性多糖质效控制关键技术与产业化应用

获 奖 者：上海市农业科学院

奖励等级：一等奖

上海市人民政府

2017年11月16日

证书号：20174030-1-D01

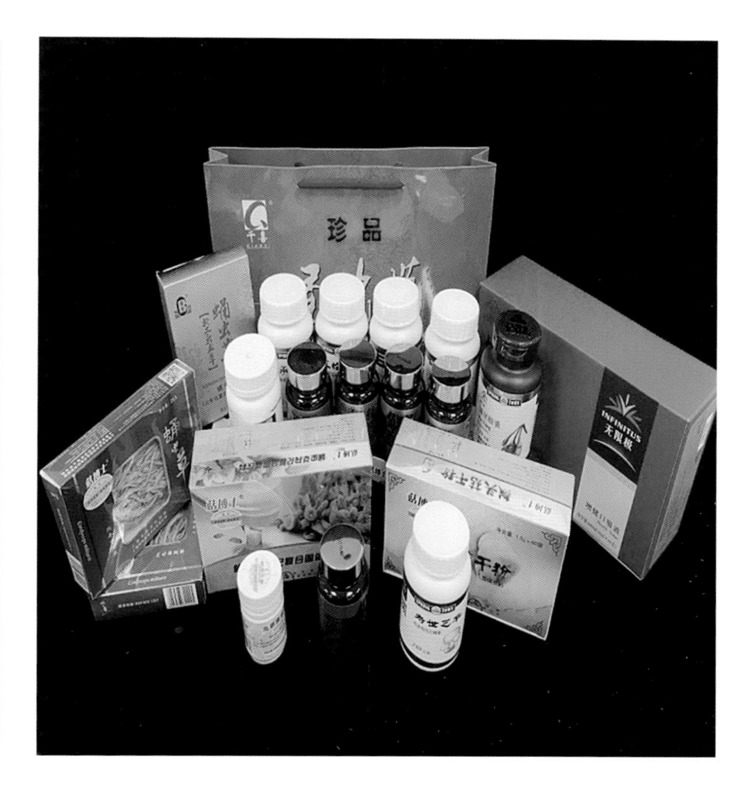

（十一）江苏省农业科学院

1. 机构发展情况

2017 年，我院围绕农业产业需求，新设休闲农业研究所、动物免疫工程研究所、农业信息研究所和循环农业研究中心 4 个研究机构，将园艺研究所更名为果树研究所、农业生物技术研究所更名为种质资源与生物技术研究所、食品质量安全与检测研究所更名为农产品质量安全与营养研究所、农业经济与信息研究所更名为农业经济与发展研究所。目前，我院共建有 17 个专业所（中心）和 12 个农区所（试验站）。

2. 科研活动及成效情况

（1）科学研究课题数量

2017 年，我院新上科研项目 1 060 项，新增合同经费 5.04 亿元。主持申报的“中缅泰特色豆类作物绿色增产增效”等 2 个项目获国家重点研发计划重点专项立项支持。获国家自然科学基金资助 62 项，立项数与经费总额连续五年领跑全国省级农科院。

（2）重要研究进展

①“兔出血症病毒杆状病毒载体灭活疫苗（BAC-VP60 株）”获得国家一类新兽药证书

中华人民共和国

新兽药注册证书

证号：（2017）新兽药证字 06 号

新兽药名称：兔出血症病毒杆状病毒载体灭活疫苗（BAC-VP60株）

注册分类：一 类

研制单位：江苏省农业科学院兽医研究所、国家兽用生物制品工程技术研究中心、南京天邦生物科技有限公司、山东华宏生物工程有限公司、贵州福斯特生物科技有限公司

根据《兽药管理条例》，该兽药符合规定，准予注册，特发此证。

发证日期：二〇一七年二月四日

“兔出血症病毒杆状病毒载体灭活疫苗（BAC–VP60 株）”获得国家一类新兽药证书

我院兔病学科团队通过近十年的研究，“兔出血症病毒杆状病毒载体灭活疫苗（BAC-VP60 株）”获得国家一类新兽药证书。这是我国第一个兔用基因工程疫苗，也是世界上第一个获得政府许可针对兔出血症的亚单位疫苗。

②“南方水网区农田氮磷流失治理 4R 集成技术”被列为 2017 年度农业部十大引领性农业技术模式

种植业的氮磷排放是农业面源污染的主要来源之一，其特征是分布散、排放无序（乱）、治理难。针对这一难点，我院进行大量研究，形成了可复制可推广的农业面源污染治理技术方案。该技术模式作为十大引领性农业技术模式被列入 2017 年度农业部主推技术。

（3）科研条件

2017 年，我院省部共建食品质量安全重点实验室培育基地在江苏省重点实验室评估中获得“优秀”等次，获得申报省部共建国家重点实验室资格；完成院首批重点平台遴选，4 个工程实验室立项运行，3 个重点实验室启动建设，P3 实验室和动物实验房批准立项。

（4）科技成果

2017 年，我院 SCI（EI、ISTP）收录论文 291 篇，其中影响因子 6 以上的论文 4 篇，论文影响因子最高位 14.946，取得历史性突破；全院申请 PCT 专利 12 件，其中，“高活性抗虫肽材料”获美国和日本授权专利 8 件，开创我院高质量专利申请新局面。全年累计获部省科技奖 18 项。

（5）学科发展

我院联合中国农业科学院等 50 多家科研院所共同成立小麦赤霉病综合防控协同创新联盟，小麦育种专家程顺和院士担任联盟理事长。联盟旨在动员全国小麦赤霉病防控研究主要产业技术力量，从品种和防控的角度，加快培育和筛选一批赤霉病抗性达中抗以上的小麦新品种，研制筛选合适的防治药剂以及配套的防治技术，为我国不同麦区有效提供小麦赤霉病防控技术方案，保障我国小麦生产的安全高效。

（6）科技扶贫

以实施示范基地亮点提升和精准扶贫科技行动计划为抓手，高效服务区域农业产业发展。聚焦区域农业产业发展需求，依托综合示范基地和特色示范基地实施科技项目 15 项，对接省六大扶贫片区、黄花塘等革命老区实施精准科技扶贫项目 10 项，应时鲜果新品种及配套技术等成果大面积集成示范应用，助力农业增效、农民增收致富，我院被授予“江苏省科技服务业百强机构”称号。

（7）科技成果转化推广

2017 年，我院知识产权和技术服务到账收益达到 1.74 亿元，其中，“非转基因抗除草剂水稻 ALS 突变型基因技术”以 1 518 万元成功转化，创历史新高。

我院举办江苏省农业科技自主创新十周年成果展，10 年来，专项资金累计投入达 8.3 亿元，支持领域由最初的高效设施农业逐步扩大到蔬菜果树、农作物、植保、农机、信息农业等 12 个农业领域。专项资金资助的项目成果累计应用面积超过 2.6 亿亩，新增综合效益达 300 亿元以上。去年，江苏农业科技进步贡献率高达 66.2%，居全国第一，高出全国平均水平近 10 个百分点，包括江苏省农业科技自主创新资金在内的江苏各类农业科技计划发挥了重要作用。

江苏省农业科技自主创新资金十周年成果展

（十二）浙江省农业科学院

一、机构情况

2017 年我院机构未调整，下设畜牧兽医、作物与核技术利用、植物保护与微生物、农村发展、蔬菜、蚕桑、农产品质量标准、环境资源与土壤肥料、园艺、病毒学与生物技术、食品科学、数字农业、花卉、玉米、柑桔、亚热带作物等 16 个专业研究所，涵盖种子种苗、安全生产与生态、加工保鲜、高新技术和农村发展五大领域。

二、科研活动及成效情况

新获资助省级以上项目 144 项，到位科研经费 2.54 亿元。其中国家重点研发计划项目（课题、任务）26 项，国家自然科学基金项目 25 项，省级科研项目 59 项。新增国家现代农业产业体系岗位科学家 8 位、综合试验站站长 1 位。承担了全国种质资源浙江区域的调查收集和鉴定任务。

通过对番茄等植物蔗糖代谢研究，发现蔗糖代谢基因的演化模式，为作物产量和逆境胁迫等性状改良提供新方向。通过分子标记辅助育种，解决了水稻恢复系“浙恢 7954”稻米食味品质技术难题。杂交油菜分子育种突破隐性上位核不育系统瓶颈，育成的“越优 1301”等 3 个杂交油菜新品种获登记公告。畜禽分子育种与分子营养等新技术交叉应用，优质猪选育与优质猪肉开发获重要进展。与巴贝集团协同开展工厂化现代养蚕技术研究取得积极进展。

进一步完善了省部共建国家重点实验室建设方案，正式向科技部和省政府、省科技厅等提交了建设申请，通过了 2017 年部省会商，列入部省共建计划。全面启动观赏作物资源开发国家地方联合工程研究中心和农业部创意农业、农产品信息溯源、果品产后处理 4 个重点实验室建设，组建学术委员会，组织专家论证，编制建设任务书，制订内部管理制度，强化运行管理。“国家农业检测基准实验室（动物源性产品中农药残留）”被农业部列为首批农业检测基准实验室。作物种质资源等 9 个领域列入国家农业科学实验站建设，联合地市农科院开展国家农业基础性长期性科技工作监测任务。植物科学研究区建设工程各项目工程通过验收，全面移交使用，8 个研究所、2 个保障服务单位迁入，科研和工作条件进一步改善。院公共实验室全面开放服务。

郜海燕团队主持完成的“干坚果贮藏与加工保质关键技术及产业化”成果，荣获国家科学技术进步奖二等奖

获省级以上科技成果奖励17项。育成植物新品种15个，获得品种权授权5件、国家发明专利58件、实用新型专利16件、著作权39件。制定行业或地方标准11项。郜海燕团队主持完成的“干坚果贮藏与加工保质关键技术及产业化”成果，荣获国家科学技术进步奖二等奖；参与的“全国农田氮磷面源污染监测技术体系创建与应用”成果获得国家科学技术进步奖二等奖。“油菜高效育种技术的建立及优质高产新品种选育”“特色浆果产地商品化保鲜及加工关键技术创制与应用”等2项成果获中华农业科技一等奖。发表影响因子5.0以上的论文10篇。

加强学科建设整体谋划，制定出台《关于加强学科体系建设的若干意见》，明确了院为主导、所为主体二级管理体系，提出了学科体系建设的五大重点任务和三项工作举措。围绕学科建设中的人才、创新团队、学科带头人队伍等关键工作，制定出台了《关于进一步加强人才队伍建设的意见》《关于加强研究室建设的若干意见》《关于加强研究室主任队伍建设的若干意见》系列配套文件，明确了人才队伍、研究室、研究室主任建设的工作目标、举措和保障措施。通过学科遴选和评估，启动农业智能装备、都市农业2个新建学科建设和19个学科的扶持。创意农业、天然药用资源、农产品产地溯源检测等新学科稳步发展。开展非本部研究所发展定位和学科规划论证，支持非本部研究所提升发展。

面向主战场，融入主平台，科技服务扩面增效收获新业绩，“浙粳99”等35个新品种、规模养殖场疫病综合防控技术等12项新技术列入省主导品种、主推技术。重点实施10项院科技推广项目，推广农作物新品种650万亩次，生态养殖技术20多项；油菜“浙油50”、番薯“心香”等、菜用大豆“浙农6号”、瓠瓜“浙蒲6号”等品种全省覆盖率超50%。加强示范基地建设。建立科技示范基地86个，示范面积25万亩，召开各类现场观摩交流会50余场次。建立省内水稻害虫生态工程控制技术试验示范面积90万亩以上，降低化学杀虫剂用量40%。承建的“龙泉市现代农业信息平台”亮相“两区”现场会获得好评。开展规划和技术服务。为地方编制各类项规划（方案）69 项，其中完成 15 个农业产业集聚区和特色农业强镇创建规划编制，支持 5 个省田园综合体建设试点申报。承担各级政府监督抽查检测样品 7 931 批次；检测畜禽抗体 63 849 项次；农业测土施肥数据系统覆盖全省 80% 以上的县（市、区）。派出省级科技特派员 85 名。获批农业部新型职业农民培育示范基地，开展各类培训 140 期，累计培训 24 300 余人次。深化法人科技特派员工作，与武义县签约项目 10 个。在新疆阿克苏推广果枝黑木耳栽培、西藏那曲推广藏香猪质量安全和设施蔬菜产业项目。17 人获省优秀科技特派员称号；1 人获省优秀农村指导员称号；5 人获省革命老区建设先进工作者。在与原有 4 个市、25 个县（市、区）合作基础上，新增浦江等 4 个合作县（市）。全年实施院地科技合作项目 186 项，与地方政府联合召开新品种新技术现场推介会、培训会 42 场次。赴重点地区开展春耕备耕、抗洪、抗旱科技咨询服务。2 位专家被省治水办聘为首席顾问，承担督导绍兴越城区等地治水，自主研发的微生物强化净化与生态修复技术被广泛应用，效果显著。我院助力“剿灭劣Ⅴ类水”工作得到省、市党委政府肯定。

路演推介、竞价拍卖成果转化新模式被农业部列入典型案例

全年成果转化（四技服务）合同总额 1.20 亿元，其中合同金额 100 万元以上项目 18 项；实际到位 7 236.6 万元，较上年增长 67.1%。科技成果转化总收入 1.21 亿元。建立科技成果定价咨询机制、拍卖保证金制度，健全交易公开公示制度。制定出台了成果转化和“四技服务”合同管理办法及本部研究所收益分配意见，规范合同管理流程，提高科研人员成果转化收益奖励和股权奖励比例，激活创新创业活力。积极探索路演拍卖、许可、转让、作价入股等多种模式，促进成果转化。重点扶持现代种业、功能食品、检测技术等产业化项目 22 项。与青田县、美之奥种业公司、广西桂柳家禽公司共建农业技术转移中心。举办或参与全国农业科技成果转化研讨会、省农博会、浙江瓜菜种业投资路演推介会等 10 个大型交流会。培训省级科技成果经纪人 10 名。路演推介、竞价拍卖成果转化新模式被农业部列入典型案例。我院成功入选浙江省国家科技成果转移转化示范区首批示范工程建设单位。

（十三）安徽省农业科学院

安徽省农业科学院是省政府直属综合性农业科研事业单位，1960 年建院。下设水稻、作物、畜牧、园艺、农产品加工等 14 个专业研究所。建有国家水稻、茶树、棉花、油菜育种分中心、农业部农作物生态环境安全监督检验测试中心（合肥）、农业部农产品质量安全风险评估实验室（合肥）、农业部野外科学观测站、水稻分子育种国际联合研究中心等 20 个国家级科研平台，建有皖江合肥农业生物技术育种研究院、省级重点实验室、省院士工作站、省级工程技术研究中心等 22 个省级科研平台。承担国家现代农业产业技术体系 7 个科学家岗位、21 个综合试验站，以及安徽省现代农业产业技术体系 7 个首席专家、29 个功能实验室岗位的建设任务。另外，国家小麦育种分中心、国家级农作物品种审定（含抗性）区域试验站、国家农业科学观测实验站等平台获农业部批准立项，正在积极建设中。

全院现有各类专业技术人员 624 人，其中具有高级职称人员 282 人，5 人入选国家百千万人才工程和国家级优秀专家，省级学术带头人 27 人，省部级突出贡献专家 12 人。1 个科研团队入选农业部“第二批农业科研杰出人才及其创新团队”，9 个科研团队入选省“115 产业创新团队”。

安徽省委书记李锦斌、省长李国英视察我院在合肥农交会上展出的科研成果

“十三五”以来，全院共承担各类科技项目 1 200 余项。获省部级科技奖（含合作）47 项，其中主持获得省部级一等奖 8 项、二等奖 20 项。审（鉴、认）定、登记农作物新品种（系）123 个，获植物新品种授权 67 个，专利授权 205 件，软件著作权 59 件，知识产权产出量稳居全省科研院所前三名。制（修）订各类技术标准 86 项，其中国家和行业标准 6 项；发表各类学术论文 742 篇，其中 SCI/EI 源收录论文 124 篇。两系杂交水稻育种、水稻基因指纹技术、油菜杂交育种、大豆育种、蔬菜育种、石榴基因组等研究处于国内先进水平。

2017 年，在省委省政府的坚强领导下，院党委带领全院职工坚持以习近平新时代中国特色社会主义思想为指导，全面贯彻落实党的十八大、十九大精神和习近平总书记视察安徽重要讲话精神，紧跟时代步伐、锐意改革创新，立足安徽农业生产，奋力开展科技创新和服务三农工作，积极服务农业供给侧结构性改革和农民增收，实施精准扶贫，圆满完成了全年工作任务，各项事业发展呈现全新态势，现代院所建设打开了新局面。

1. 科技创新再上台阶

项目申报喜获丰收。按照国家科技计划管理体制改革新要求，积极申报各类科研项目，实现了国家新老科技计划任务申报工作的平稳过渡，新增项目 360 项。其中，国家重点研发计划课题 6 项、子课题 20 项，国家自然科学基金 6 项，农业部农产品质量安全风险评估项目 5 项；省重大科技专项 7 项、省重点研发项目 5 项、省自然科学基金 12 项等。到账项目经费 1.29 亿元，为顺利开展科研工作奠定了基础。

科研产出稳中有升。主持获得省、部科技奖 10 项，其中一等奖 1 项，二等奖 3 项，三等奖 6 项；合作获得省部科技奖一等奖 4 项、二等奖 3 项。通过国家、省审（鉴、认）定农作物新品种 66 个；参与制定国家标准 4 项，制定并已颁布地方标准 45 项。获授权专利 85 件、软件著作权 41 件。发表学术论文 356 篇，其中，SCI/EI 论文 54 篇，石榴基因组研究结果为世界首次报道，影响因子超过 7.0 的论文 2 篇；出版学术著作 4 部。

平台建设迈出新步。院作物科学大楼建成使用；皖北研究院大楼建设完工，农业部 DUS 测试分中心项目基本建成；作物基因资源与种质创制安徽科学观测实验站、国家小麦改良中心合肥分中心和国家级农作物品种区域试验站相继建成；热雾技术工程中心和庐江郭河基地投入使用。争取省民政厅移交的凌家湖农场工作取得重要进展；院农业生物科学综合实验楼申报工作稳步推进；皖南研究院项目获黄山市批复立项。病虫草害防控大数据平台建设有序展开，财务信息化管理系统试运行。建设国家农业科学实验站基准站 1 个、标准站 4 个。

“资源节约型水稻育种与生产技术国际研讨会”在合肥召开

人才队伍不断壮大。新增国家百千万人才工程人选 1 人、国家现代农业产业技术体系岗位专家 1 人、综合试验站站长 6 人，新增享受国务院政府特殊津贴专家 5 人、享受省政府特殊津贴专家 2 人，新增省学术和技术带头人 4 人，有 9 人晋升研究员、22 人晋升副研究员，引进博士、硕士研究生 21 人，15 人在职攻读博士学位。

学术交流气氛活跃。全年实施各类引智、推广及出国培训等项目 25 项；与美国、英国、德国等 10 多个国家知名大学、研究院所和农业企业签订合作协议；接待 6 批次 76 人国际团组来院考察、培训；选派 28 个团组 81 人次赴国外进行学术交流；组织、参加各类大型学术、行业交流会 460 余场，主办“资源节约型水稻育种与生产技术国际研讨会”和“一带一路”节水抗旱稻成果技术国际培训班，举办院内学术交流活动 156 场。

2. 成果转化与技术服务成效显著

成果转化迈出了新步伐。开展种业人才发展与科研成果权益改革试点工作，狠抓成果转移转化。转让 25 个水稻、小麦和大豆品种生产经营权及 4 项发明专利生产许可，完成转基因检测、水稻抗病性鉴定、农药登记药效试验、农药残留检测、饲料安全检测等样品 8 000 余份，应用种子物联网技术提供种子电子代码源码 420 万条。成果转化和技术服务收入 1 600 余万元。

支撑农业供给侧结构性改革坚强有力。制定了院服务“三农”工作方案，全年共选派科技人员 1 995 人次，对接“三园三区一体”和农业新型经营主体 258 家，举办绿色种养技术培训 468 场，培训人员近 5.3 万人次，累计示范推广新品种 219 个、新技术 220 项，直接服务面积达 1 390 万亩，科技支撑职能作用得到充分发挥。

参与“一带一路”建设取得进步。水稻所选育的节水抗旱稻“绿旱 1 号”在柬埔寨、安哥拉、尼日利亚等国家已累计推广 20 余万亩。水产所在津巴布韦开展全雄罗非鱼杂交育种与高效养殖示范，将当地单位面积养殖产量提高 30% 以上。棉花所在新疆皮山县开展了棉花专用新型肥料试验，建立了项目展示区 150 亩、示范区 1 000 亩；园艺所与西藏山南市科技局合作，开展优质瓜菜品种筛选试验与示范，建立 2 个核心示范点，打开了服务“一带一路”建设新局面。

3. 科技扶贫扎实有效

实施了扶贫升级计划。为帮助我省深度贫困地区脱贫，由院领导带队，深入全省粮食、特色产业、畜牧水产等主产区开展调研，向省政府提出了提高农民收入的建议。及时制定并实施了院科技扶贫升级计划，在征集需求基础上，组建了 20 支专业服务团队，与皖北地区、大别山区、行蓄洪区的新型经营主体对接，签订帮扶协议，并在阜阳市、太湖县、岳西县举办对接签约仪式，按照“技术不会不松手、收入不增人不走”的要求，实施一对一精准帮扶，取得初步成效。

科技服务获得了广泛认可。在 2017 年省农交会、省第五届优质果品展评会上展示的成果，全院开展精准扶贫和技术服务的成效，在全省各地展示的新品种、新技术，广大科技人员爱农村、爱农业的敬业精神，以及新华社、科技日报、农民日报、安徽日报、安徽电视台等各种媒体的宣传报道，扩大了院知名度和影响力，得到了社会广泛认可，营造了良好的发展环境。

两优 100 示范

张启发院士考察两优 100

（十四）福建省农业科学院

福建省农业科学院成立于 1960 年，是一所综合性农业科研机构。至 2017 年年底，设有亚热带农业研究所、水稻研究所、茶叶研究所、植物保护研究所、畜牧兽医研究所、果树研究所、作物研究所、土壤肥料研究所、农业生态研究所、生物技术研究所、农业工程技术研究所、农业经济与科技信息研究所、农业质量标准与检测技术研究所、农业生物资源研究所、食用菌研究所以及科技干部培训中心 16 个研究（服务）机构；建有博士后科研工作站和 3 个科普教育基地。

全院在职职工 1 030 人，其中科技人员 866 人（具有正高级职称 125 人、副高级职称 254 人、中级职称 369 人，博士学位 142 人、硕士学位 401 人；拥有中国科学院院士 1 人（谢华安），国家级有突出贡献中青年专家 6 人、国家“百千万人才工程”人选 6 名、省级专家 14 人、享受国务院政府特殊津贴专家 67 人、省“百千万人才工程”人选 39 名。2017 年，1 人入选 2017 年国家百千万人才工程，1 人被评为国家有突出贡献中青年专家，1 人被评为享受国务院政府特殊津贴专家，2 人获福建省“五一”劳动奖章，2 人被评为福建省优秀科技工作者。

2017 年，全院新增立项省级以上科技项目 224 项，经费 1.28 亿元，其中科技部、农业部、国家自然科学基金委等国家部委项目 52 项 5 499 万元，省级科技项目 172 项 7 348 万元。当年，省农科院经评审的科技成果 27 项。获 2016 年度福建省科学技术奖一等奖 2 项、二等奖 4 项、三等奖 7 项，2016—2017 年度神农中华农业科技奖科研成果三等奖 2 项，2016 年度福建省标准贡献奖三等奖 1 项，2014—2016 年度神农福建农业科技奖一等奖 1 项、二等奖 6 项、三等奖 3 项，评选出 2017 年度福建省农业科学院科学技术奖一等奖 4 项、二等奖 9 项。全年发表科技论文 742 篇，其中国外发表 95 篇；出版专著 16 部。16 个农作物新品种通过福建省农作物品种审（认）定，其中第一完成单位 9 个；8 个农作物新品种通过专家组鉴评。申请专利 268 件，其中发明专利 191 件、实用新型专利 75 件；获授权专利 137 件，其中发明专利 62 件、实用新型专利 73 件；植物新品种保护授权 12 项；授权软件著作权 14 件。成果技术转让 19 项，金额 1 016 万元；29% 华龙集团股权转让收益 5 468 万元。2 个农业行业标准和 8 个福建省地方标准获批准颁布实施。

2017 年，启动新一轮科技创新团队，设立重点创新团队、培育创新团队、青年创新团队 3 个层次共 36 个创新团队。福建省漳州国家闽台特色作物种质资源圃建设获得农业部批复，经费 1 297 万元；福建省农产品发酵加工工程技术研究中心、福建省特色旱作物品种选育工程技术研究中心和福建落叶果树工程技术研究中心获福建省科学技术厅正式授牌。至 2017 年年底，省农科院已建有国家（部）级重点实验室 4 个、农业部农作物改良中心 4 个、省级重点实验室 11 个、省级工程（技术）研究中心 20 个。全院科研仪器设备总值 17 633.1 万元，其中单台（套）100 万元以上的仪器设备 1 185.4 万元。纸质藏书 7.96 万册，其中外文文献 4 500 册。主办自然科学类（农业科技）公开出版刊物 7 种。

2017 年，省农科院组织举办省科协重点学术活动“农业绿色发展与科技扶贫学术研讨会”和学术年会分会“科技创新与茶叶发展”；与福建农林大学、晋江市人民政府、台湾朝阳科技大学联合主办了“海峡杯”现代农业创意创新大赛；承办了第二十二届全国农科院系统外事协作网会议暨中国农业科学院国际合作会议。组织派出 12 批 27 人次的科技人员赴美国、新西兰、匈牙利、捷克、泰国、中国台湾等国家和地区（其中出国 8 批 18 人次；赴台 4 批 9 次）进行合作项目洽谈、交流访问、研修等任务；接待来自以色列、罗马尼亚、几内亚比绍、泰国等国家和地区 6 批 80 多人次外宾来访。与莆田市政府协作开展了特色水果、设施蔬菜、生态养殖等 39 个科技项目合作，助力莆田现代农业发展；与华祥苑公司、超大集团、闽中有机食品公司、晋江乐隆隆公司、福建星源农牧公司等企业对接，共建企业研发中心，协同科技创新和产业开发。

2017 年，省农科院以科技助推农业供给侧结构性改革为主线，继续实施科技下乡“双百”行动计划，在全省 54 个县（市、区）示范推广 168 个项目，服务企业 127 家、农民专业合作社和家庭农场 81 家，在企业合作社建立 30 个示范带动作用强、显示度高的科技示范基地；示范推广新品种新技术 350 项，农作物面积约 13.612 万亩、畜禽 800 多万头（只），解决技术难题 213 项；科技人员下乡累计 5 900 多天，培训指导乡镇农技人员、农民 8 000 余人次，促进农业企业、农民合作社增加社会经济效益 1.36 亿元，辐射带动社会经济效益 2.85 亿元。省农科院以屏南、云霄、政和、长汀等 9 个挂钩扶贫县为重点，实施精准扶贫。组织科技人员下乡 3 528 人次，实施科技扶贫项目 184 个，推广优良品种、实用技术 216 项，建立示范点、片、基地 136 个，示范面积 3.83 余万亩、畜禽水产养殖 3 万余头、食用菌 120 余吨，促进了重点县特色农业产业发展，带动农民增收 5 000 余万元。继续开展“福建省农村实用技术远程培训”，通过视频、电视、电话、网络等形式，涉及粮食、特色果蔬、花卉、海洋渔业、水肥一体化等领域，全年培训人数 105.3 万人次。

（十五）江西省农业科学院

1. 机构情况

（1）机构历史沿革

江西省农业科学院成立于 1934 年 , 是全国较早设立集科研、教育、推广三位一体的省级农业科研机构。1934 年，被命名为江西省农业院。中华人民共和国成立后，在党和政府的重视下，江西省农业科研机构不断发展、壮大，先是在 1948 年成立了江西省农林试验总场，并于 1950 年改名为江西省农业科学研究所，后根据现代农业发展的需要，于 1975 年组建了江西省农业科学院，而后沿用至今。该院成为推进江西省农业科技发展的重要机构。

（2）机构设置及人才结构

① 机构设置

该院设有 6 个机关处室、2 个管理中心：党委办公室、办公室、科技处、开发处、计财处、人事处、后勤服务中心、基地管理中心 ; 15 个研究所（中心）：水稻研究所、土壤肥料与资源环境研究所、作物研究所、园艺研究所、畜牧兽医研究所、植物保护研究所、农产品质量安全与标准研究所、农产品加工研究所、蔬菜花卉研究所、农业应用微生物研究所、农业经济与信息研究所、农业工程研究所、原子能农业应用研究所、江西省超级水稻研究发展中心、江西省绿色农业中心。

② 人才结构

至 2017 年年末，全院在职职工 605 人，其中专业技术人员 496 人，专技人员中具有正高职称资格的 95 人，具有副高职称资格的 164 人。有博士 104 人，硕士 159 人，硕士以上学历人才占在职职工的 43.5%。全院现有 1 名中国工程院院士、1 名全国杰出专业技术人才、1 名“万人计划”青年拔尖人才，3 名“杰出青年科学家”，2 名江西省突出贡献人才，在职享受国务院政府特殊津贴专家 14 名和享受省政府特殊津贴专家 9 名 ; 14 名专家入选“赣鄱英才 555 工程人选”，29 名专家入选“省百千万人才工程人选”；江西省青年科学家（井冈之星）培养对象 3 人；省级学科带头人 12 名，省部级优势创新团队负责人 6 名。农业部聘任的国家现代农业产业技术体系岗位专家 3 名和试验站站长 14 名。

2. 科研活动及成效情况

（1）科研课题

2017 年该院新上项目 102 项，其中国家重点研发计划项目（课题）9 项，“长江中下游东部双季稻区生产能力提升与肥药精准施用丰产增效关键技术研究与模式构建”项目经费 3 422 万元，国家自然基金立项 8 项，省科技厅项目立项 26 项，省协同创新专项立项 4 项，新增 5 个国家产业技术体系南昌综合试验站。

（2）重要的科研进展

① 长江中游优质、多抗、高产双季晚粳水稻新品种培育

“十三五”国家重点研发计划课题“长江中游优质、多抗、高产双季晚粳水稻新品种培育”（课题编号：2017YFD0100406），主持人，余传源研究员。2017 年主要工作进展：2017 年度，共培育新品种 2 个，申请新品种权保护 4 项，获得 1 项品种权，申请 2 项发明专利，授权 1 项发明专利，共建了 3 个示范基地计 1000 亩，新品种累计推广 30 万亩，共筛选到了 13 个苗头新品系。

② 长江中游东部（江西）水稻节水节肥丰产技术集成与示范

“十二五”国家科技支撑计划课题“长江中游东部（江西）水稻节水节肥丰产技术集成与示范”（项目编号：2013BAD07B12），主持人，彭春瑞研究员，2017 年度主要工作进展：本课题形成了“平原双季稻丰产节水节肥综合技术模式”和“丘陵双季稻丰产节水节肥综合技术模式”各 1 套，建立技术攻关试验基地 6 个，技术示范基地 26 个。2017 年全省共建立丰产节水节肥早、晚稻百亩示范点 52 个，累计推广 1 300 余万亩。

（3）科研条件

截至 2017 年，我院拥有国家级科研平台 2 个，分别为国家红壤改良工程技术研究中心、水稻国家工程实验室；省部级科研平台 18 个，其中省部级重点实验室 5 个，工程 (技术) 研究中心 2 个，科学观测实验站 4 个。

该院已建有 4 个科研试验基地，即海南南繁基地 200 亩、东乡基地 210 亩、鄱阳湖生态经济区现代农业科技创新示范基地 5 980 亩、院本部基地（含横岗基地）占地 1 500 亩。

（4）科技成果

2017 年该院科研成果获各类科技奖励 20 项，包括国家科学技术进步奖二等奖 1 项、省部级奖 4 项。其中该院作为第三完成单位、该院陈大洲研究员作为第二完成人完成的成果“中国野生稻种质资源保护与创新利用”获得了 2017 年度国家科学技术进步奖二等奖；该院作为第一主持单位完成的成果“辣椒疫病治理对策研究与推广应用”获江西省科技进步三等奖。

获得授权专利 32 件，其中发明专利 17 件，实用新型专利 12 件，软件著作权 3 件。审定 (认定) 植物新品种 12 个，其中通过国家级审定的品种有 1 个——水稻“赣优 735”，通过国家登记的品种有 2 个——油菜“赣油杂 7 号”和油菜“赣油杂 8 号”，省级审定 9 个。

（5）学科发展

该院已设有作物学、园艺学、畜禽水产学、农业资源与环境学、农业应用微生物、农产品加工、农产品质量安全、农业工程、农业经济与信息九大学科。

（6）科技扶贫和科技成果转化推广情况

2017 年该院出资 18 万元用于贫困户入户路修建及改水改厕等工作，投入近万元资金在石垅村安装监控设施 1 套，出资 2 万元帮助石垅村党建宣传平台建设。帮助当地发展井冈蜜柚、种草养牛、冬闲田稻草栽培大球盖菇等高效种养产业，帮助合作社申报南方现代草地畜牧业发展项目。为贫困户免费发放鸡苗 272 只，赠送菌种 1400 袋，向 69 户贫困户捐赠高压锅等物资。邀请专家到村现场技术指导，举办 2 期培训班。

2017 年，全院有 8 项成果（6 个水稻品种、1 个发明专利、1 个苦瓜品种）成功完成交易，交易总金额 278 万元。

（十六）山东省农业科学院

1. 机构情况

山东省农业科学院是省政府直属的综合性、公益性省级农业科研单位，是国家农业科技黄淮海创新中心和山东省农业科技创新中心承建单位。目前，拥有 11 个处室、24 个研究试验单位和 18 处有业务关系的分院，并设有 1 处博士后科研工作站。现有在职职工 1 989 人，一线科研人员 1 120 人，专业技术高级岗位 726 人，博士 435 人。拥有中国工程院院士 1 人，国家万人计划 2 人，百千万人才工程国家级人选 4 人，农业科研杰出人才及其创新团队 6 人，泰山学者 31 人，省有突出贡献中青年专家 29 人，享受国务院颁发政府特殊津贴 88 人。主要研究领域涵盖山东乃至黄淮海区域农业发展所需的粮经作物、果树、蔬菜、畜禽、蚕桑、资源环境、植物保护、农产品质量安全、农产品精深加工、农业微生物、农业生物技术、信息技术、农业机械等 50 多个学科。建有国家和省部级创新平台 60 个，其中国家及部级创新平台 26 个，省级创新平台 34 个。

2. 科研活动及成效情况

（1）科研项目与经费

2017 年科研经费争取创历史新高。全院新上项目 600 余项，立项经费 5.95 亿元，可支配财政经费达到 4.55 亿元。主持国家重点研发项目 3 项，立项总经费 7 132 万元；国家产业技术体系 26 个岗位、17 个试验站，经费 2 670 万元；国家自然基金 21 项，经费 770 万元；主持中央引导地方科技发展专项、省重大科技创新工程、农业良种工程等省级科研项目 120 余项，立项经费超过 6 000 万元。与中国农业科学院科技创新工程开展战略合作，双方确定“五个一”的合作目标，重点实施“品牌农产品”“绿色生产”和“智慧农业”三个重大协同创新任务。“山东省农业科学院农业科技创新工程”列入山东省新旧动能转换重大工程实施规划，院科技创新工程 2018 年专项经费预算实现了翻番，达到 6 000 万元。

（2）科技成果

2017 年全院共获得各级各类奖励 64 项，其中山东省科技奖 12 项（省科技进步奖一等奖主持 1 项，参与 2 项；国际合作奖 1 项）、神农中华农业科技奖 8 项（一等奖主持 1 项、参与 1 项）、山东省农牧渔业丰收奖 9 项（一等奖主持 3 项、参与 3 项）。2 人获得第十一届山东省青年科技奖。获得授权专利337项，其中发明专利176项；获得软件著作权485件；取得植物新品种权16个，通过审（鉴/认）定品种16个；通过认定行业、地方标准47项，发表论文1 007篇，其中SCI/EI文章137篇，出版论著25部。

（3）条件平台

2017年全院农业基本建设项目获批立项11项，资金规模超过近5年来全院农业基本建设项目的总和。完成了小麦玉米国家工程实验室等项目的验收工作；完成了省级工程实验室年度评价工作和三年绩效考评工作；完成了省级工程技术研究中心绩效评估工作，5个中心获得优秀、良好成绩，其中承建的“山东省现代农业机械示范工程技术研究中心”获得补助经费100万元。

（4）科技推广服务与扶贫

成功举办了“科技服务（扶贫）月”和“科技开放周”活动，科技开放周被中国科协评为“2017年全国科普日优秀活动”。集中举办各类新技术新成果观摩培训活动53场次，开放院基地、平台、实验室等111处，展示推广院新技术成果150余项次，服务社会各界近40 000人次。梳理总结了《腾飞行动》实施以来推广服务（扶贫）的模式和成效，人民日报、新华社、大众日报、山东电视台（新闻联播栏目）等重要媒体宣传报道400余次。开展挂牌基地平台治理整顿规范工作，将原有的178处挂牌基地平台整顿为87处；新审批19处，建成17处，扎实支撑服务山东省农业新旧动能转换。

（5）科研进展

作物育种方面：小麦，济麦22夏收面积1 817万亩，连续8年为全国第一大小麦品种，累计推广面积达2.6亿亩。“鲁原502”全国推广面积1 538万亩，是山东省第二、全国第三大品种，累计推广5 400万亩。优质强筋小麦新品种济麦44、济麦229在2017年度国家小麦质量报告中，均达到了郑州商品交易所一等麦标准。甘薯，通过分子标记与常规育种相结合，育成2个通过国家和山东省审（鉴）定的紫甘薯新品种济薯18和济紫薯1号。济薯18为国内首个通过国家鉴定的紫甘薯品种；济紫薯1号全面取代日本品种绫紫，成为花青素提取和紫薯全粉加工的首选品种。大豆，利用全基因组关联分析开展大豆抗胞囊线虫病的基因定位，获得数个与大豆抗胞囊线虫病1号生理小种相关的SNP位点，相关结果发表于Molecular Breeding。杂粮，盐碱地济梁1号高效轻简化栽培技术百亩示范方平均亩产566.98kg；甜高粱济甜杂2号盐碱地折合平均亩产6 025.30kg。选育出的适应机械化栽培优质高产谷子新品种济谷20表现突出，在2016年、2017年华北夏谷联合鉴定试验中均列次第一位。玉米所培育的鲁单3092、鲁单888、鲁单801、LM518和齐单805 5个玉米新品种通过山东省审定。棉花，常规抗虫棉品种鲁棉522、鲁棉研37号、鲁棉418，三系杂交棉品种鲁杂 2138 通过审定，其中，鲁杂 2138 是山东省审定的第一个三系杂交棉新品种。花生，通过花生不亲和杂种早期败育幼胚原位拯救技术，开辟了花生不亲和野生种育种途径，育成花育 31 号等不亲和杂种新品种。克隆了 AhDELLA3a 基因的启动子序列，获得 AhDELLA1 启动子的转基因植株。结果表明 AhDELLA3a 启动子响应高盐胁。水稻，育成的软米品种南粳 505 通过山东省水稻品种委员会审定并转让给江苏高科种业。作物栽培研究方面：明确了花生单粒精播增产的生理基础传统双粒穴播生态位重叠，个体之间竞争剧烈，难以充分发挥单株生产潜力。单粒精播改善了单株性状和生理生化特性，改善了根系形态分布，利于壮苗，植株生理生化特性明显加强。资源环境研究方面：创新了培养料适氧隧道发酵技术，构建“玉米秸秆、畜禽粪便—双孢蘑菇—菌渣堆肥—种植业”的高效循环利用技术体系。探明了 UAN 减量及配合 DCD 使用降低土壤中硝态氮和铵态氮迁移积累；通过土壤调理剂与肥料增效产品的施用，能够控制硝酸盐向地下水的迁移，提高了养分利用率，从源头上降低了氮磷等养分对环境的污染。园艺研究方面：甜瓜品种“鲁厚甜 1 号”以 458 万元的价格转让给海阳市郭城镇农业科学研究所，创国内瓜菜单一品种转让费最高纪录。利用 miRNA 组测序分析和转录组测序分析，分析鉴定 847 个葡萄 miRNA，鉴定了 2 088 个新 lncRNA，结果揭示葡萄抗寒机制与 miRNA 冷诱导下的表达模式及种类密切相关。农机研发方面：成功突破大蒜单粒取种、种体方向控制和直立下栽等精播技术，与企业联合研制的 2BUX-11 型大蒜精播机产品实现批量生产，在全国范围内得到推广应用。突破气力式玉米精密排种技术，研发精密排种器，实现玉米播种机作业速度从每小时 5~6km 提升至 10~12km，并在省内行业企业进行转化应用，打破国外厂家在该技术领域的垄断。农药研究方面：熔融喷雾冷却造粒清洁生产新工艺成功解决了农药粒剂加工的粉尘污染难题，开发了草甘膦粒剂、百草枯粒剂等系列产品。畜牧研究方面：培育的鲁西黑头羊通过审定，是我国农区第一个国审肉羊新品种。鲁西黑头羊既可作父本进行杂交改良，又可纯繁进行商品生产，改变了山东乃至北方农区肉用绵羊品种长期依赖进口的局面。开创了种子母牛群建设新模式，提高奶牛核心种质自主创新能力；研发了奶牛遗传缺陷基因 SNP 育种芯片，应用于奶牛育种。蚕桑品种选育方面：家蚕新品种“鲁 41 × 鲁 42”、桑树新品种“昌盛”通过北方蚕业科研协作区审定。海水农业研究方面：掌握了冰菜的育苗、生长、栽培及制种整个生命周期内的规律与相关技术以及芹菜的海水灌溉技术。

（十七）河南省农业科学院

1. 机构发展情况

河南省农业科学院为河南省政府直属的公益一类事业单位。现设有小麦研究所、粮食作物研究所、经济作物研究所、烟草研究所（许昌）、园艺研究所、植物营养与资源环境研究所、植物保护研究所、畜牧兽医研究所、农业经济与信息研究所、农业质量标准与检测技术研究所、农副产品加工研究所、芝麻研究中心、动物免疫学重点实验室、作物设计中心14个直属科研机构、9个职能处（室）、1个农业高新集团、1个直属事业单位和1个分院（长垣分院）。

全院现有在职人员912名，其中，博士研究生296名，硕士研究生186名，大学专科以上学历319名，正高116名，副高249名，中级350名。

2. 科研活动及成效情况

（1）科学研究课题数量

陈润儿省长视察花生实验室

2017 年，主持国家重点研发计划项目 2 项，国家自然科学基金 8 项，省级科技计划项目 80 项；新增国家现代农业产业技术体系首席专家 1 名，岗位专家 3 名，综合试验站站长 2 名，新增省产业技术体系岗位专家 2 名；全年到账科研经费 2.4 亿元。

（2）重要研究进展

2017 年，全院共通过省级以上审定品种 16 个，其中国审 9 个；获得植物新品种权 8 件；授权专利 81 件，其中发明专利 46 件、实用新型 35 件；授权软件著作权 8 件；登记新农药 1 个、新肥料 6 个；发表论文 300 余篇，其中 SCI 论文 50 余篇。在重要科研进展方面，从 1 894 份小麦种质资源中筛选出西农 511、宁麦 26、山农 25 等 74 多个对赤霉病中抗以上的种质资源材料；初步建成了赤霉病抗性、叶枯病抗性、根腐病抗性、条锈病抗性、叶锈病和白粉病抗性、抗旱节水特性、干热风抗性、抗倒性、耐湿性、穗发芽抗性、耐寒性、氮磷利用效率、杂种优势等重要性状专项鉴定平台。完成了 433 份花生材料的重测序工作，并进行了相关表型的鉴定；完成了 AhWRI3 和 AhWRI4 基因的克隆，并推测 AhWRI3 和 AhWRI4 可能参与花生种子中油脂积累的调控；构建了花生 AhFATB2 基因植物表达载体，在拟南芥中初步验证了该基因，可以提高种子中硬脂酸（C16:0）含量，转基因种子中由野生型的约 9% 升高至 20% 左右。建立芝麻高密度遗传图谱 3 张，定位与芝麻产量、品质、抗病、抗逆等重要性状相关的主效 QTL 61 个、基因位点 150 个。猪繁殖与呼吸综合征病毒（PRRSV）致病和免疫机制研究领域取得重大进展 , 在国际上率先解析了 PRRSV 入侵必需受体 CD163 关键结构域 SRCR5 的三维结构，填补了 CD163 结构信息的空白，丰富了清道夫受体家族的结构信息，并发现了 CD163 介导 PRRSV 入侵的关键氨基酸位点 ; 利用 RNA 高通量测序技术首次发现 PRRSV 感染后通过 nsp9 和 N 蛋白上调 Sp1 的表达促进 miR-373 的转录，而后者通过靶向 I- 型干扰素信号转导通路中的关键分子抑制 I- 型干扰素的产生从而促进了病毒复制。

优质小麦产业观摩会

芝麻新品种现场观摩会

3. 科研条件情况

新增省部级科研创新平台 7 个，其中“农业部黄淮中部小麦生物学与遗传育种重点实验室”“小麦传统制品加工技术集成基地”“河南省国家农作物品种测试站”3 个农业部科技创新条件能力建设项目获得批复；3 项中央引导地方发展专项项目获得批复；省星创天地获批 1 项；省重点实验室获批 1 项，省科技基础条件专项资金项目获批立项 11 项，到账科研条件平台类项目经费 4 996.5 万元。

4. 科技成果情况

获得河南省科技进步二等奖 5 项 , 三等奖 3 项；获得 2017 年省农科系统科技成果一等奖 8 项，二等奖 2 项。

5. 学科发展

启动实施了“河南省农科院学科布局优化调整计划”。选择粮作所、园艺所、加工所 3 个研究所作为第一批试点，先后完成了座谈、调研考察和论证等工作程序。其中，粮作所学科布局优化调整工作已经完成，园艺所、加工所已形成工作方案。

6. 科技扶贫和科技成果转化推广情况

启动实施了河南省“四优四化”科技支撑行动计划，以深入实施“现代农业科技示范精品工程”为载体，促进了一大批我院自主科研成果在生产中的推广应用。联合全省农科系统 53 家单位，通过强化全系统省、市、县协同工作机制，明确“专项 – 专题 – 任务”的工作架构，制订配套管理规章，加强工作督导和检查等措施，组织全系统 1 000 余名科技人员深入全省 72 个县（市、区）开展“四优”（优质小麦、优质花生、优质草畜、优质果蔬）产业发展先进适用技术示范推广工作，推动了全省“四优”产业生产方式转变，为农业生产体系、产业体系构建提供了有力技术支持。

在开展科技扶贫方面，我院结合“现代农业科技示范精品工程”的实施，在兰考、滑县和西华等 15 个贫困县，围绕当地农业产业发展的关键技术需求，组织科技人员开展良种良法集成示范，促进了农业产业兴旺和农民增收。其中，在兰考县葡萄架乡等 10 多个乡（镇），科学种植方法帮助当地大棚甜瓜亩效益实现了 2 万元以上，助推了“兰考蜜瓜”成为兰考县第一个地理标志农产品，形成了以发展蜜瓜产业带动增收致富的发展局面，央视“焦点访谈”栏目对该县发展甜瓜的事例给予了专题报道。

（十八）湖北省农业科学院

1. 基本情况

湖北省农业科学院始建于 1978 年，是省政府直属的综合性农业科研事业单位。其前身是 1950 年国家建立的 6 个大区性农业科研机构之一的中南农业科学研究所，最早历史还可以上溯至 20 世纪初，湖广总督张之洞开创的南湖农业试验场，至今有 100 多年，全院下设粮食作物、经济作物、植保土肥、畜牧兽医、果树茶叶、农产品加工与核农技术、农业质量标准与检测、生物农药、中药材和农业经济 10 个研究所（中心），8 个处室，南湖、蚕桑等 5 个试验站。

全院现有职工 4 735 人，有高级职称科技人员 63 人，博士 147 人；专业技术二级岗 16 人，国家有突出贡献中青年专家 10 人，享受国务院政府特殊津贴专家 77 人，省突出贡献中青年专家 39 人，享受省政府特殊津贴专家 23 人；有新世纪高层次人才第一层次 4 人、第二层次 16 人。在国家现代农业产业技术体系中，我院有 28 位专家成为岗位科学家和试验站站长。经过多年的发展，在粮食作物育种、高山蔬菜、植物保护、农业环境治理、畜禽育种、果树茶叶、农产品安全、生物农药、中药材等研究领域具备一定优势，在国内外具有较大影响。

2. 科研活动及成效情况

2017 年，我院共承担科研项目 981 项，落实科研项目计划经费 2.45 亿元。获得国家重点研发计划资助项目及课题 34 项，其中主持 1 项，总经费 4 641.7 万元；获得国家自然科学基金委员会资助项目 16 项，资助经费共计 530 万元；获省级科研项目 22 项，经费共计 2 045.2 万元。新增 1 个国家农业产业技术体系特色淡水鱼保鲜与贮运岗位科学家，新增中药材和特色蔬菜 2 个国家农业产业技术体系综合试验站；新增第二批省产业技术体系稻田综合种养团队首席科学家 1 名，第二批省产业技术体系总经费达到 430 万元。

平台建设展开新布局。我院“豫鄂皖低山平原农区综合试验基地（湖北省）建设项目”首获 2018 年农业农村部农业科技创新能力条件建设专项资助（全国仅有 4 家省级农科院获得），总经费 2 941 万元。新增“湖北省特色水果工程技术研究中心”等 7 个省级工程技术研究中心、“湖北省校企共建优质猪育种与健康养殖研发中心”等 23 个省级校企共建研发中心，新增1个国家和2个省级“星创天地”。

科技成果实现新突破。我院获得国家、省部级科技奖励18项。其中我院以第二完成单位参与的“全国农田氮磷面源污染监测技术体系创建与应用”项目获国家科学技术进步奖二等奖，有10项以第一完成单位的项目获省级科技奖。获2017年度省科技奖励一等奖4项，其中科技进步奖1项，技术推广奖2项，以第二完成单位获省技术发明奖1项，以第二、第三完成单位获得省级科技奖励共6项；以第一完成单位获神农中华农业科技奖二等奖1项。选育农作物新品种11个、新产品2个，完成年度目标任务的130%，其中水稻新品种“E两优186”通过国家审定；制定湖北省地方标准26项，完成年度目标任务的130%；申报专利和品种保护权147项，完成年度目标任务的294%，获得国家授权专利59项；获得软件著作权授权4项；发表论文494篇，完成年度目标任务的137%其中SCI论文43篇，EI论文8篇。

联盟建设迈出新步伐。开展创新团队整合试点，将创新中心原有的7个水稻育种团队整合组建优质高效水稻育种创新团队。启动了“主要农作物秸秆还田关键技术研究与集成示范”专项。进一步壮大联盟队伍，新遴选农业龙头企业、专业合作社等50家单位入盟，联盟成员单位总数达150家。湘鄂赣农业创新联盟启动了“湘鄂赣农业废弃物肥料化关键技术研究与集成示范”项目，召开湘鄂赣农业科技创新联盟首届农业科研杰出青年论坛，我院有3名博士获评首届农业科研杰出青年。

国际合作有了新进展。成立海外农业研究中心，举办农业科技“走出去”研讨会，多渠道加强对外科技合作交流，形成农业科技“走出去”合力和可持续机制。承担了国家“中非10+10”、欧盟“地平线2020”“耐热抗病优质辣椒核心种质创制合作研究与应用”等重大项目，与新西兰皇家农业科学院、以色列大岗农业自动化公司等签订科技合作协议，继续深

省农科院院长焦春海参加农业科技“五个一”楚恒集团技术服务项目沙洋广华再生稻头季验收

省农科院院长焦春海到南漳天池山茶叶公司调研

化与美国奥本大学、日本筑波大学等的交流与合作。派出28批76人次分赴20余个国家（地区）开展科技交流、执行项目任务、访学、经贸合作交流等活动，接待国外专家学者来院学术交流27批104人次。

院党委书记刘晓洪、院长焦春海一行到荆州调研农业科技“五个一”行动

科技服务呈现新亮点。全年共组织推广新品种、新技术、新模式237项，推广和科技服务面积达到5 386万亩。完成转化科技成果15项，成果转化及技术服务协议金额3 151万元。“鄂麦006”以150万元的价格刷新了湖北省小麦品种转让新纪录。以技术总承包方式与潜江市政府签订虾稻科技合作协议技术服务费达300万元。分别与襄阳市、恩施州、十堰市以及鹤峰县签订科技合作协议，为当地农业产业发展提供科技支撑。深化专家大院职能，以实施项目为纽带，与枝江市政府联合建立“现代农业科技综合示范区”，集中展示科技成果11项，助推枝江农业转型升级和三产融合。参加全省“科技、文化、卫生”三下乡、科技活动周等活动。组织实施22项国家和省农业主推技术，其中6项技术在全国主产区推广应用。承办“科惠网企业高校院所行”农科院专场活动，21家企业与我院专家签订合作协议。

院党委书记刘晓洪调研利川市农业科技“五个一”行动
暨精准扶贫工作

（十九）湖南省农业科学院

湖南省农业科学院始创于1901年（光绪二十七年），前身为湖南省农务试验场，专事蚕桑改良。1938年，改为湖南省农业改进所，涉及水稻、棉花、旱粮、油料、茶叶、园艺、植保、蚕桑等研究。1949年湖南省人民政府接管农业改进所，1952年，农业改进所扩大为湖南省农业试验总场，1956年，更名为湖南省农业科学研究所，隶属湖南省农业厅。1964年，扩建成立湖南省农业科学院，由湖南省人民政府直接管辖。现为正厅级编制公益一类事业单位，位于长沙市芙蓉区马坡岭隆平高科园内，东至黄花国际机场13km，南离长沙高铁（南站）6km；西到长沙市中心城区仅7km。

全院现有院属科研单位15个、科研辅助机构2个、内设处室12个、直属机构1个。其中水稻研究所、杂交水稻研究中心、蔬菜研究所、土壤肥料研究所、植保研究所、作物研究所、园艺研究所、茶叶研究所、农产品加工研究所、生物技术研究所、农业环境与生态研究所、西甜瓜研究所、园艺研究所、农业经济与区划研究所、农业信息与工程研究所15个研究所、院机关和隆平研究生院为公益一类科研事业单位；科研辅助机构高桥科研基地管理

中国工程院院士邹学校与创新团队成员

中心和东湖基地管理中心为公益二类科研事业单位。

全院现有 1 458 人，其中高级职称 412 人（正高职称 137 人），硕士以上学历 488 人（其中博士 138 人）。拥有中国工程院院士 2 人，“十三五”国家现代农业特色蔬菜产业技术体系首席科学家 1 人，国家产业技术体系岗位科学家 11 人；国家有突出贡献专家 4 人，新世纪“百千万工程国家级人才”10 人、国家“万人计划”人才 5 人，国家“中青年科技领军人才”1 人，享受国务院政府特殊津贴专家 77 人；省级领军人才和专家 46 人；科技部国家创新人才首批重点领域创新团队 3 个，农业部“300 个农业科研杰出人才及其创新团队”中的 7 个；已建成杂交水稻国家重点实验室、国家水稻工程实验室、柑橘资源综合利用国家地方联合工程实验室等国家、省（部）级科技创新平台 71 个，博士后流动工作站 1 个，院士工作站 3 个。

2017 年，全院承担各类项目 786 项，其中新增省级以上科研项目 429 项，科研总经费 3.34 亿元。以主持单位获得省部级以上政府科技奖励 7 项，其中“袁隆平杂交水稻创新团队”荣获 2017 年度国家科学技术进步奖一等奖（创新团队）；“广适性超级杂交水稻新品种选育与绿色生产”获得湖南省首届科技创新奖；另获湖南省科技进步奖一等奖 2 项，二等奖 2 项，三等奖 1 项。此外，荣获 2017 年度何梁何利基金“科学与技术进步奖”1 项，国家优秀专利奖 1 项，大北农科技奖 1 项，湖南省专利发明二等奖 1 项。全院获植物新品种权 21 个，国家授权发明专利 58 项，实用新型专利 7 项，取得著作权（含软件权）19 项。育成通过审定农作物品种 26 个，制定颁布国家农业标准 2 个，颁布技术规程 46 项，SCI 收录论文 46 篇，最高影响因子为 8.8。

一批科研项目获得重大进展和突破。袁隆平院士团队的第三代杂交水稻育种技术取得成功，获得了稳定的粳稻和籼稻不育系。超级杂交稻高产攻关百亩示范片测产达 1 149.02kg（折合每公顷 17.235t），创造了新的世界高产纪录。袁隆平院士领衔的耐盐碱杂交水稻研究取得重大突破，试验基地区试点评估，平均亩产达到

袁隆平院士带队参观镉低积累水稻品种实验田

500kg，有望 3~5 年育成耐盐能力在 6‰且亩产 300kg 以上的水稻品系。镉低积累农作物品种筛选与选育取得重大突破，3 年攻关筛选出应急性镉低积累水稻品种 49 个。选育的新组合“低镉水稻 1 号及其组合”经专业机构鉴定和国内权威专家抽检，该品种在高镉稻田中生产的稻谷，其镉含量均为 0.065 mg / kg以下，远低于国家标准 0.2 mg / kg，有望从根本上解决我国“镉大米”问题，具有巨大的应用推广价值。承担的“第三次全国农作物种质资源调查与收集行动”顺利收官，2017 年新收集优稀特古老品种及其野生近缘种 509 份，发现了一批种质资源野生群落和珍稀特异资源。该行动 3 年共完成农作物种质资源收集 3 218 份，对 2 849 份资源进行了初步鉴定与评价，协助 CCTV4 完成湖南“舌尖上的种质资源”拍摄工作。

“农业部长江中下游优质籼稻遗传育种重点实验室”纳入“十三五”创新能力条件建设规划并启动建设。杂交水稻国家重点实验室被科技部考核评为优秀。“农业部长江中游农业环境重点实验室”通过验收。总规模 350 亩、总投资 2.5 亿元的三亚南繁海棠湾基地完成一期工程基础施工；国家杂交水稻春华基地部分建设工程和“农业部柑橘综合利用产地加工技术集成基地”竣工验收；“农业部湖南耕地保育科学观测实验站”“国家茶树改良中心湖南分中心”建设工作基本完成，启动了“农业部长沙作物有害生物科学观测实验站”建设。新建了云南个旧、山东莒南、广州南沙 3 个袁隆平院士工作站。联合建设了湖南省“株洲县南州耕地重金属污染长期定位观测试验站”。

初步形成了科技资源共建共享格局。牵头发起成立了“湖南省农业创新联盟”，并当选为联盟理事长单位，与首批 42 家联盟单位签订了入盟协议书，投入 700 万元，凝练 3 个农业重大项目，联盟单位开展联合攻关研究。与湖南省农学会、省畜牧兽医学会等 18 个单位联合发起组建了省科协大农业学会联合体，我院当选为首轮轮值主席。承办了“湘鄂赣农业科技创新联盟”首届农业科研杰出青年论坛，评选出了 10 名“湘鄂赣首届杰出青年”。参与发起了国家农产品产地重金属污染综合防治协同创新联盟，未来将承担更多国家农产品产地重金属污染综合防治创新任务。

面向农业生产一线，加快科技成果转化，支撑产业发展和精准脱贫。2017 年，院出台《湖南省农业科学院促进科技成果转化管理办法（暂行）》，积极承担全国成果转化试点单位相关工作，加快推进了一批农作物新品种和国家专利等科技成果的转让转化，直接经济收入 1.11 亿元。充分调动科技人才积极性与创造性，为全省农业生产服务，全年派出 500 余名科技服务专家、8 名科技副县长，组成科技专家特色产业服务团到各地开展技术服务。全年累积服务 3 200 多人次，举办各类新技术培训 422 场，受训人数达 7.3 万人；服务新型农业经营主体（企业、合作社、村）798 个；签订科技服务合同 755 份，规划布局当地农业特色产业，协助开展了“湘西黄金茶”“龙山百合”“吉信生姜”“泸溪玻璃椒”“腊尔山高山反季节蔬菜”等进行国家地理标志保护产品、有机产品等认证，为推动各地蔬菜、茶叶、果树、中药材、食品加工等产业发展和农业增收发挥了积极作用，有效地提升了我院在全省的影响。2017 年我院精准扶贫对口帮扶驻点村的贫困户人均收入达 5 620 元，脱贫人口 78 户 295 人，顺利实现整体脱贫，我院驻点帮扶工作队被评为全省先进工作队。

2017 年以“一带一路”发展为契机，推动国内、国际科技合作、学术交流。邀请和接待国内 10 多批 79 人次专家、学者来院访问、合作与交流，派出 370 人次参加国内学术交流。与 7 个市、20 个县（区）建立了科技合作关系。邀请外国专家 11 人次来院科技合作和

农业部科研杰出人才及“农产品加工与质量安全创新团队”首席专家单杨博士（右二）与美国农业部农科院签署合作协议

学术交流，共派出 40 多人次赴国外交流、进修学习和培训。与老挝联合成立了“湖南省农业科学院炫烨老挝水稻研究推广中心”，推动了杂交水稻在柬埔寨、保加利亚等国的发展。协办了“中国 - 联合国粮农组织南南合作信托基金二期发展中国家能力建设项目需求评估高级别研讨会”等国际性会议。

人才队伍建设不断完善。邹学校研究员增选为 2017 年中国工程院院士，我院成为全国唯一拥有两名院士的省级农科院。1 人聘为“十三五”国家现代农业特色蔬菜产业技术体系首席科学家，4 人增选为国家现代农业产业技术体系岗位科学家。1 人入选国家“万人计划”中青年科技领军人才和国家“百千万人才”工程。2 人获评“全国农业先进工作者”；1 人获国务院政府特殊津贴，2 人获省政府特殊津贴。院博士后科研工作站获得独立招收博士后人员资格。

（二十）广东省农业科学院

1. 机构发展情况

广东省农业科学院为广东省人民政府直属正厅级事业单位，下设水稻、果树、蔬菜、作物、植物保护、动物科学、蚕业与农产品加工、农业资源与环境、动物卫生、农业经济与农村发展、茶叶、环境园艺 12 个研究所和农业科研试验示范场、农产品公共监测中心、农业生物基因研究中心共 15 个科研机构。

2. 科研活动及成效情况

（1）科学研究

2017 年度全院承担科学研究项目（课题）507 项，取得重要研究进展有：克隆了一个新的在水稻分子育种中具有较大应用前景的水稻耐冷功能基因；发现抗稻瘟病新 QTLs、完成水稻 BG1222 抗褐飞虱主效基因定位。发现了在大蕉抗冷过程中发挥重要作用的基因，建立了香蕉、柑橘基因编辑技术 CRISPR/cas9 技术体系。揭示了牛筋草抗草甘膦和菜心炭疽病菌抗咪鲜胺的分子机制。率先完成了冬瓜基因组的 De Novo 测序及重测序；构建了中国南瓜的第一个高密度遗传图谱，首次在葫芦科作物中发现调控雌雄花早开花为两个不同的基因。通过对国兰开花时间、花瓣和叶色等性状分子调控机制研究，获得一批具有自主知识产权的关键功能基因。研究报道了 D 型流感病毒在广东省猪、牛、羊等养殖场流行情况，鉴定了该病毒的病毒血

水稻节水减肥低碳高产栽培技术：与传统栽培技术相比，该技术增产稻谷 10%，节省氮肥 20%，温室气体排放减少 30% 以上，2017 年入选国家发改委重点节能低碳技术

症，检测到动物下呼吸道和肠道中病毒 RNA 的存在。建立了高通量农产品质量安全检测方法，能同时检测 180 种农药且准确性、灵敏度达到国际先进水平。承担编制的广东省农业现代化“十三五”规划和可持续发展规划，已经广东省政府同意并发文实施。应用现代生物技术和传统技术相结合，选育出一批优质、高产、高抗农作物新品种、新材料，研制出一批绿色低碳、节水环保的农业新技术。

（2）科研条件

2017 年新增科研平台 62 个，申报的国家农业监测基准实验室（农药残留）、农业部华南都市农业重点实验室等获批建设。畜禽育种国家重点实验室通过考核评估初评，畜禽育种与营养研究、农产品加工 2 个省级重点实验室考评获得“良好”等级。加强协同攻关，联合华南农业大学、华大基因、广州市种业小镇等，组织申报国家（广东）种业科技创新中心。

中蕉九号：株产可达 35~40kg，产量比主栽品种增产 20% 以上，果指整齐，口感香滑、清甜，相关成果获神农中华农业科技奖一等奖

（3）科技成果

2017 年获得各级科技奖励 42 项，其中“高产、优质、矮化、抗枯萎病香蕉新品种选育与应用”获神农中华农业科技奖一等奖、“功能食品创新团队”获优秀创新团队奖。通过审定、登记及鉴定品种 115 个，其中国家审定（鉴定、登记）品种 31 个。获植物新品种权 28 个；获授权专利 85 件，其中发明专利 65 件；制修订标准 11 项，其中行业标准 4 项；获得计算机软件著作权 29 件；新产品——鸭坦布苏病毒病灭活疫苗（JM）株获农业部新兽药。编写或参与编写各类著作 18 部，公开发表期刊论文 633 篇，其中 SCI 收录论文 182 篇。

（4）学科发展

围绕广东现代农业产业需求，加强水稻、果树、花生、玉米、茶叶、花卉、畜禽水产、农产品加工、农产品质量安全、农业资源环境、动植物病害防控、现代分子技术应用等领域的学科建设，每年投入资金 1 480 万元，分攀峰、优势、特色、培育 4 个层次，重点建设动物营养、功能食品、香蕉遗传改良、果蔬加工、优质鸡遗传育种等 35 个学科团队。

（5）科技扶贫

高度重视精准扶贫工作，科技帮扶落到实处，组建 280 人的科技服务专家团，在科技下乡、科技扶贫、农业减灾复产工作中发挥了重要作用；积极推进产业扶贫项目，开展优质水

广东省农业科学院科技成果转化服务平台暨广东金颖农业科技孵化有限公司正式挂牌成立运营

稻、香蕉种植和良种鸡养殖示范推广，帮助对口帮扶村成立种养专业合作社、家庭农场，完成安全饮水工程、垃圾处理等村容村貌建设项目等。发挥科技和人才优势，协助省直单位开展产业扶贫工作，配合做好与西藏林芝、新疆喀什的科技帮扶工作。

（6）科技成果转化推广

47 个品种、27 项技术入选广东省农业主导品种、主推技术，分别占全省的 63.5%、77.1%。新建清远分院、东源现代农业促进中心以及 12 家工作站和特色研究机构，通过与佛山、梅州、河源、韶关、湛江、惠州、江门、茂名、清远等地市建设农科院地方分院、现代农业促进中心、专家工作站，与农业龙头企业建设研究院等新型研发机构，初步建成了院地企联动的科技服务网络。全年签订成果转化合同 130 项。推进科技成果转化服务平台和孵化器建设，成立广东金颖农业科技孵化有限公司，已有 40 余家农业龙头企业入驻。

（7）国际科技合作

扎实推进与“一带一路”沿线国家的农业科技合作与交流，2017 年签署国际合作协议 17 份，与泰国、缅甸在龙眼、低碳农业技术、蚕桑领域开展广泛技术合作，建设中泰农业科技示范园；与非洲国家和国际组织在香蕉育种及枯萎病防控领域深入合作，参与国际热带水果网络组织理事会，不断提升在热带水果领域的国际话语权；拓展与南太平洋岛国的农业技术合作。

（二十一）广西壮族自治区农业科学院

1. 科研机构

广西壮族自治区农业科学院（以下简称广西农业科学院）创建于 1935 年，是广西壮族自治区人民政府直属正厅级事业单位。主要从事以种植业为主的应用及应用基础研究，重点是粮、糖、果、菜、油、麻、食用菌、花卉等作物优良品种的选育及栽培，以及植保、营养、农业资源与环境、农产品加工与质量安全、农业信息与经济等技术研究。2017 年，增加内设机构 4 个，广西农业科学院微生物研究所增挂“广西农业科学院食用菌研究所”牌子，增加从事野生大型真菌资源收集、鉴定、评价、保藏与保育及开发利用研究的职责；广西农业科学院农业科技信息研究所（广西农业科学院农业经济研究所）增挂“广西现代农业发展研究中心”牌子，增加从事现代农业发展理论与实践研究的职责；广西农业科学院农业资源与环境研究所增挂“广西富硒农业研究中心”牌子，增加从事富硒功能性产品技术创新与应用研究的职责；广西农业科学院水稻研究所增挂“广西农业生物基因研究中心”牌子，增加从事广西作物品种资源的搜集、保存、鉴定、评价、利用及创新研究的职责。全院现设有 18 个直属研究所 100 个创新团队，与地市人民政府共建有 12 个分院，与广西壮族自治区农业厅共建有 60 个试验站。

2. 科学研究课题数量

新增科研项目 687 项，新增科研经费 2.5 亿元，其中国家级项目 21 项、省部级项目 176 项。

3. 重要研究进展

选育出一批高产、优质、抗病作物新品种，研发出一批特色作物高产高效绿色生产技术。大豆新品种桂春豆 108 通过国家农作物品种审定委员会审定，水稻新品种桂恢 1561、秀 A 和花生新品种桂花 771 获得国家植物新品种权证书。选育的利优 3158、青优 579、软华优 831、龙丰优 826、丰田优 663、秀优 297、桂野丰等 7 个水稻新品种，桂甜 161、桂花糯 526、桂黑糯 219、桂黑糯 609 4 个玉米新品种通过广西农作物品种审定委员会审定。选育的 10 个甘蔗品种入选 2017 年度广西甘蔗良种繁育推广体系建设推荐的 12 个品种。

“杂交水稻优质化育种创新及新品种选育”荣获2017年度广西科学技术特别贡献奖，自治区党委书记鹿心社（图右）为项目主持人邓国富（院党组书记、院长，研究员，图左）颁奖

“葡萄一年两收栽培技术”“粉垄绿色生态农业技术”“冬作马铃薯高产高效生产技术”“甘蔗高效节本栽培技术”4项技术入选农业部2017年100项农业主推技术。

4. 科研条件

新增香蕉品种遗传改良和栽培技术国家地方联合工程研究中心1个，新增广西壮族自治区国家农作物品种测试站项目1个，新增省部级平台6个。广西水稻遗传育种重点实验室、甘蔗育种与栽培技术国家地方联合工程研究中心和甘蔗生物学重点实验室（筹）入选2017年广西重大科技创新基地建设。现拥有2个国家地方联合工程技术研究中心、5个国家级作物改良分中心、1个国家品种测试站、2个农业部重点实验室与质检中心，15个国家与部门原种基地、资源圃及野外科学观测站，12个自治区级重点实验室、工程技术研究中心，12个自治区级作物良种培育中心、4个院士工作站和1个博士后工作站。全院占地面积400余公顷，建有院本部、里建、明阳、隆安、海南5个长期固定的科研试验基地，综合实验大楼建筑总面积2.6万 m^2，拥有国际先进水平的成套科研仪器设备。

5. 科技成果

科技成果登记209项，获各级成果奖励共65项次，其中获2017年度广西科学技术特别贡献奖1项、一等奖2项、二等奖6项、三等奖5项；获2016—2017年神农中华农业科

甘蔗茎尖脱毒健康种苗技术，在广西、广东、海南、云南等蔗区大面积推广应用

技奖一等奖 1 项、二等奖 1 项；获 2017 年度中国产学研合作创新与促进奖二等奖 2 项、优秀奖 3 项。由水稻所完成的“杂交水稻优质化育种创新及新品种选育”荣获 2017 年度广西科学技术特别贡献奖，是我院水稻育种研究历史上第二次获此荣誉，是杂交稻优质化育种的重大突破。

“粉垄绿色生态农业技术”入选农业部 2017 年 100 项农业主推技术，图为该技术在玉米上的应用效果对比

6. 学科发展

以重点团队和重点方向为引领，规划建设全院学科群，加强优势传统学科、重点培育学科建设，稳定支持 100 个学科团队，2017 年根据产业发展新增昆虫传粉、火龙果、核桃等学科团队 36 个，年稳定资助财政经费 1 435 万元。

7. 科技成果转化

服务全区农业（核心）示范区 77 个，建立示范基地 210 多个，面积达 110 万亩，基本覆盖全区优势特色作物。2017 年，推广农作物新品种 130 个，推广面积 1 254.5 万亩。引进、研发新技术 37 项，新技术推广 211.2 万亩，创社会效益 48 亿元。科技成果转化 12 项，收益 803.28 万元，主要涉及水稻、玉米、蔬菜等品种和关键技术的转让。探索形成的科企合作“兆和模式”成为农业部向全国推广的典型案例。深入推进种业权益改革，作为试点单位在 2017 年全国种业改革工作推进（视频）会上做了典型发言。

8. 科技扶贫

在定点帮扶的广西玉林市兴业县 6 个村开展优质稻、蔬菜、水果、中药材等科技示范，引领贫困村特色产业开发，带动参与示范的贫困户年增收 8 300 元。在自治区级重点贫困县、现代特色农业（核心）示范区和“三区三园”探索建立农业科技专家大院，以“科技定制”的方式精准提供规划编制、品种服务、技术指导等。深入开展“支部联村企，科技兴产业”活动，全院 16 个基层党组织与 8 个贫困村、4 个扶贫龙头企业党组织结成对子，以科技带动扶贫，创新走出“党建 + 科技 + 扶贫”新模式。巡回开展“百场科技咨询培训”活动，科技人员下乡进村 6 000 多人次，科技培训农民群众超 7.5 万人。

（二十二）重庆市农业科学院

2017年，我院深入贯彻落实党的十八大和十九大精神，以习近平新时代中国特色社会主义思想为指导，大力推进农业供给侧结构性改革，按照重庆市委市政府的总体部署，在市委农工委和市农委的坚强领导下，紧扣全市“三农”发展主题，贯彻全院“十三五”发展规划主线，围绕全院工作要点，扎实做好“夯基础、增能力、强支撑”3篇文章，不断提升自主创新能力和科技服务能力。

1. 科技创新能力进一步增强

紧扣“十三五”国家及重庆市农业科技工作动向，强化项目申报与立项，全年新立项111项，实施科技项目234项,118项通过结题验收。新增“十三五”国家现代农业产业体系特色蔬菜岗位科学家1个；甘蓝团队首次进入国家科技部“七大农作物育种”攻关专项。获国家自然科学基金青年资助两项，资助数量和学科领域获得双突破。

国家科学技术进步奖

证　书

为表彰国家科学技术进步奖获得者，特颁发此证书。

项目名称：中国野生稻种质资源保护与创新利用

奖励等级：二等

获 奖 者：陈大洲

中华人民共和国国务院

2017年12月6日

证书号：2017-J-201-2-06-R02

中国野生稻种质资源保护与创新利用—陈大洲

2. 科研平台建设能力持续提升

积极拓展新平台，全年在建国家（省）部级能力建设项目28项，其中“农业部西南地区蔬菜科学观测实验站”“南方农村可再生能源开发利用”基本建成；“农业部江津农业环境与耕地保育野外观测实验站”通过综合验收；“重庆南繁南鉴蔬菜示范基地建设项目”按要求已完成项目招标、采购等工作；农业部植物新品种DUS测试重庆分中心完成了初步设计和概算编制并获得市农委审批，启动了农机具等仪器设备招投标等工作。项目总投资949万元，今年下达并完成投资150万元。

3. 基础科技工作扎实推进

一是扎实推进农产品质量安全检测工作，完成了农业部农产品质量安全例行监测与工作任务，所承担的农业部、重庆市农产品质量安全例行监测及拓展的社会委托样品检测任务有序开展。二是扎实推进农作物基因资源保存、鉴定和评价工作，并作为国家农业科学实验站（试运行）技术依托单位。

4. 成果转化与科技服务的社会影响力逐步提升

继续推动与江津、石柱等 20 多个区县的院地合作，与潼南共建了“渝西智慧农业研发中心”；与石柱共建的“武陵山研究所”更名为“武陵山研究院”。以“三下乡”与项目实施相结合培训 10 万余人次，发放各类技术资料近 16 万份。围绕重庆市农业主导特色产业发展，累计示范推广新品种 109 个，共推广山地茶园、绿色防控技术等新技术 104 套，面积 1 200 多万亩。行业智库作用不断突显，全年完成科技规划、咨询与设计服务 160 余项。起草完成的《重庆市区县长菜篮子考核办法》，由市政府办公厅颁布施行，从 2017 年起市政府将对全市各区县菜篮子工作进行全面考核。

5. 科技支撑精准脱贫成效突出

开展以石柱等 6 个贫困县 6 个贫困村为基础的农业产业示范、产业链延伸示范的科技支撑精准脱贫效果显著。《重庆日报》、重庆电视台等市级主流媒体多次报道我院的扶贫经验与成效，尤其在党的“十九大”召开期间，《重庆日报》连续三天辟专栏报道我院科技扶贫成效。全面参与了市委农工委组建的 18 个深度贫困乡镇产业扶贫工作技术指导组。派出科技特派员 137 人，到巫山、武隆等贫困区县，定点帮扶企业、专业合作社 114 次，入驻贫困村 81 个。

6. 团队建设和人才培养持续加强

充分发挥博士后科研工作站及院士专家工作站等人才平台的作用，启动以中青年学术骨干、青年拔尖人才为核心的重点人才体系建设，开展了青年创新团队的建设，在全院已申报的 36 个团队项目的基础上，经过层层筛选，初步确定 8 个方向、10 个青年创新团队深化完善创新项目方案。全年招聘引进博士 8 人，硕士 18 人，全院人才结构、层次进一步优化。

7. 不断提高对外合作交流水平

一是深入推进国际国内合作，通过“车厢式干法发酵关键技术与成套设备联合研发”等项目与德国、西班牙等国合作，引进消化吸收国外先进的农业关键技术与核心设备，有效提升了自主研发水平。同时与国内知名农业院校合作课题 10 项。二是加强国际国内学术交流，接待 10 余个（次）国外交流团来院交流访问；邀请国内院士等知名专家教授来我院开展学术讲座 18 次。三是积极参与“一带一路”走出去战略，以科技合作与科技援助相结合的方式，继续援助坦桑尼亚和孟加拉国，在坦桑尼亚成立了境外企业，全面实施商务部“援孟加拉国水稻技术合作项目”，按计划全面完成了全年工作任务。

8. 着力推进重庆现代农业高科技园区建设工作

圆满完成市农委下达的年度项目建设任务。国土、农业综合、水利、道路、景观等园区建设基本完成，其中国土整治、小型农田水利等基础建设项目顺利通过区级验收，高标准农田整治、园区绿篱围墙、骨干道路建设等项目正开展收尾工作。“七中心一基地”建设按计划推动，农产品加工中试基地主体全面建成，正开展主体建筑物内外装修；工厂化农业研发中心等进入采购设备期间；生物技术研发中心取得了地形勘测报告并完成可研报告评估；环保农业研发中心完成施工方案调整并启动项目建设。

9. 强化院属企业发展

充分发挥科研人员在促进重庆种业发展中的支撑引领作用，有效保障了国有资产保值增值。面临行业经济下行趋势，引导院属各企业调整经营思路止住经济下滑趋势，富有成效。其中云岭公司渝红牌红茶 2017 年被评为重庆市名牌农产品，凯锐公司通过国家高新技术企业复审。

10. 持续深化改革

按照改革体制、转换机制的思路，获批《推进落实种业人才发展和科研成果权益改革试点的实施方案》，完成了重庆凯锐农业有限责任公司的股权改革与金穗公司国有股权转让，研究机构以企业为平台申报的项目数量也逐年稳步提升。完善了院重要会议制度和重要事项议事规则，制定并实施院《“三重一大”事项集体决策制度》《党政联席会议制度》，保障了科学决策、民主决策。通过执行院科技创新奖励办法，极大激发了广大科技人员创新创业积极性。科研管理进一步规范完善。

（二十三）重庆市畜牧科学院

1. 机构情况

重庆市畜牧科学院始建于 1951 年，是重庆市属公益一类畜牧科研事业单位。拥有 12 研究所、3 个研发中心，与地方政府联建 8 个分院。建有农业部养猪科学重点实验室等部（市）级科技研发平台 29 个。现有在职职工 307 人，具有中高级专业技术职务 198 人，拥有博士 26 人，硕士 115 人。

2. 科研活动及成效情况

（1）科学研究

① 人源化抗体鼠培育及抗体开发

培育获得中国首个单重链转基因小鼠，丰富了人源化抗体小鼠的品种系列，为纳米抗体的开发提供了工具动物。

② 人源化抗体猪培育

成功培育中国首个出转人免疫球蛋白 lambda 轻链（hIgL）转基因猪。

③ 无菌猪应用示范

建成了国内目前唯一一个无菌猪培育基地并投入使用。建立了 6 个企业标准；并成功获得一批无特定病原的猪血清样品。

④ 中兽药新药研发

完成了女黄扶正口服液、颗粒剂和连梅止痢粉的工艺研究、药学研究、药理毒理研究和临床研究，获得新兽药临床批件 3 个。

⑤ 畜禽消化道微生物定殖与肠道稳态及功能调控

首次成功建立了猪肠道干细胞分选培养体系。

⑥ 饲料中抗生素替代品关键技术研究

筛选出以黄芪、淫羊藿、女贞子、茯苓、白术等植物提取物组方，可显著改善试验猪育肥后期的生产性能和健康水平。

⑦ 便携式猪病及霉菌毒素快速定量检测器开发

获得 3 种霉菌毒素胶体金免疫层析定量检测卡，2 种猪病抗体胶体金免疫层析定型检测卡，研发出霉菌毒素便携式快速定量检测仪器 1 套，建立了黄曲霉毒素、玉米赤霉烯酮二合一定性快速检测技术。

（2）能力建设

引进中国农业大学李德发院士及其研究团队成立了“重庆市院士专家工作站”；柔性引进日本、英国、加拿大及国内知名高校的 22 名知名专家来院合作研究；考核引进 3 名博士；培养省部级创新团队 6 个；选派 1 名博士出访美国克雷顿大学做访问学者；新晋升研究员资格 3 人，副研究员资格 7 人。“实验用猪工程中心”等 4 个研发平台建成投入使用，获批“国家牧草产业技术体系云阳综合试验站”。与重庆市荣昌区人民政府、深圳市金新农科技股份有限公司成功联合组建重庆国农畜牧现代化技术研究院有限公司。

（3）合作交流

成功承办了“国家生猪产业体系 2016 年工作总结会议”“国家肉鸡产业体系 2016 年工作总结会议”“现代畜牧产业发展论坛暨畜牧高新产业招商洽谈会”“2017 动物环境与福利化养殖国际研讨会”“全国农业科学（研究）院办公室主任协作组第九次会”等国际国内的大型会议。

（4）科技服务

在重庆城口、秀山、巫溪、武隆等 21 个区（县）的 63 个乡镇开展农技服务与成果转化示范乡镇建设，在畜禽养殖、疫病防治、家畜人工授精、养殖场建设、经济动物养殖、饲料资源开发与营养配制、养殖废弃物处理等领域推广集成技术 44 项，服务 527 人（次）。

与重庆澳龙、广东康贝尔、山东百德、新疆农神等 43 家企业开展深度合作，技术指导 267 人次，协议转化成果 3 项，获得研发和技术服务费 568 万元，推广成果、实用技术 109 项 / 次，取得良好效果。

积极开展实验示范基地建设、基层农技人员和农民培训。共举办技术培训班 71 期，培训养殖技术人员 4 525 名，培养畜牧科技创新与成果转化科技精英 547 名。扶持企业（合作社、家庭农场）50 余家，对口扶持 600 户养殖示范户。

（二十四）四川省农业科学院

四川省农业科学院前身为1938年成立的四川省农业改进所，1964年正式建制为四川省农业科学院，为省政府直属农业科研机构。全院现设作物研究所、土壤肥料研究所、植物保护研究所、生物技术核技术研究所、遥感应用研究所、农业信息与农村经济研究所、分析测试中心（质量标准与检测技术研究所）、园艺研究所、茶叶研究所、农产品加工研究所、水稻高粱研究所、经济作物育种栽培研究所、蚕业研究所、水产研究所14个研究所（中心）和服务中心、海南分院2个科研服务机构，分别与南充市、宜宾市、绵阳市、攀枝花市、巴中市联合共建有南充分院、川南分院、绵阳分院、攀西分院、巴中分院5个分院；设有办公室、党群处、人事处、科技处、产业处、合作处、条财处、离退休处8个职能处室。

截至2017年12月31日，全院现有在职职工1 225人，其中专业技术人员801人，管理人员209人，工勤人员215人；博士144人，硕士290人，本科393人，专科181人，其他244人；研究员120人，副研究员279人，助理研究员286人；研究实习员138人。2017年全院新进博士13人，硕士32人；新上研究员15人，副研究员34人；新入选国家百千万人才工程人选1人；新入选国务院特殊津贴获得者4人。新增特色蔬菜、淡水鱼和中药材3个国家产业技术体系综合实验站，新增3个淡水鱼四川省创新团队岗位专家。荣获“第二届中国作物学会青年科技奖”“第五届中国植物保护学会青年科技奖”“第十四届四川省青年科技奖”各1人次。

科研院所改革顺利推进。2017年，在总结前期试点改革工作基础上，起草了《四川省农业科学院关于进一步深化激励科技人员创新创业改革试点工作的实施意见（试行）》，提出了深化改革试点工作的主要措施。一是完善科技成果转化收益分配措施，在保障科技人员权益基础上，增强了院所自主调节力度；二是建立兼职取酬的分类管理制度，根据工作需要和实际情况，院级、所处级、非领导干部科技人

8月28日，我院水稻高粱所水稻新品种“内香6优9号”通过农业部超级稻验收

员兼职按干部管理权限由各级党委审批。三是充分发挥科研经费激励引导作用，包括设立科研财务助理、取消劳务费比例限制、完善间接费用和绩效支出管理及改进结转结余资金管理等“放管服”具体措施。此外，还就成果转化的方式和范围、成果转化风险免责政策、成果交易公示和横向经费管理等方面，提出了总计 13 条具体措施和意见。

科研项目和经费持续稳定增长。全院承担国家、部省及横向项目 886 项，主持国家项目 106 项、参加 74 项，主持省级项目 380 项。新上项目 292 项，其中国家自然科学基金 3 项，主持的国家重点研发计划“七大农作物育种”专项“西南水稻优质高产高效新品种培育”和“西南麦区优质多抗高产小麦新品种培育”两个项目顺利启动。申报 2018 年度四川省科技计划 161 项，比上年增加 39%，第一批获资助的项目经费近 2 000 万元。全年到位科研经费 1.6 亿元，实现“七连增”，国家和省级项目经费分别占 30.4%、48.3%。

科技产出成果丰硕。全院获得国家、部省科技成果奖 26 项，是近十年来获奖成果数量第二高年份。其中国家科学技术进步奖二等奖 1 项，省级科技进步一等奖 4 项、二等奖 5 项、三等奖 9 项，神农中华农业科技奖一等奖 1 项、二等奖 2 项、三等奖 2 项，四川省哲学社会科学优秀成果奖二等奖 1 项、三等奖 1 项。通过国家审定新品种 15 个、省级审定 29 个。发表论文 461 篇，在 *Land Degradation & Development*、*BMC genomics*、*International Journal of Agriculture & Biology* 等 SCI 收录刊物上发表论文 63 篇，创历史新高，单篇最高影响因子达到 9.787。在《作物学报》《中国生态农业学报》《科技管理研究》等核心刊物上发表论文 253 篇。编写著作 16 部。获得授权专利 44 件，其中发明专利 28 件。植物新品种授权 23 个。研制标准 22 项。获计算机软件著作权登记证书 5 个。我院自主创新的“四新五良”成果推广 7 784 万亩，其中新品种应用 4 714 万亩，主要粮油作物新品种覆盖率 45% 以上，科技成果转化率稳定在 85 %，新增粮食 20.76 亿 kg，新增产值 36.32 亿元。

科技平台建设稳步推进。“四川省岩原鲤种质资源场”建设项目获准立项，获中央投资 500 万元，项目初设方案已得到省农业厅批复。“农业部西南地区园艺作物生物学及种质创制重点实验室”建设项目已完成项目初设并上报省农业厅，“农业部西南山地农业环境重点实验室”正式挂牌，明确了 4 个研究方向，组建了相应研究团队，制定了实验室章程，并安排 50 万元用于设立开放基金；“农业部西南区域农业微生物资源利用科学观测实验站”田间工程通过现场验收，“农业部南方坡耕地植物营养与农业环境科学观测实验站”完成了仪器设备采购，部分仪器设备已投入使用，四川省农药环境检测与评价平台主体建设基本完成，省农作物分子育种平台整体功能日益完善，农产品贮藏加工中试车间主体建设已全部完成，贮藏中试平台已投入使用。国家棉花改良分中心二期建设项目顺利通过了省农业厅组织的验收，国家高粱原原种扩繁基地建设项目已全面完成并通过了省农业厅组织的验收，“四川省农业科学院国家高粱改良中心四川分中心”建设项目顺利推进，通过了项目建设单位组织的竣工验收。各类平台建设项目顺利推进，为进一步提高我院自主创新能力奠定了坚实的条件基础。联合申报的“作物生理生态及栽培四川省重点实验室”已获准立项。

12 月 8 日，作物生理生态及栽培四川省重点实验室通过专家评审

科技合作与交流成效显著。一是通过国家农业科技创新联盟、国家现代农业产业技术体系、农业部重点实验室学科群和承担参与国家重点研发计划项目、四川省育种攻关、产业链、创新团队等，进一步深化与国内、省内高校院所的科技合作与交流，推进协同创新。二是加大与地方政府的合作，深入开展农业科技进民族和贫困地区行动计划，2017 年继续科技服务高原藏区、大小凉山彝区、秦巴山片区、乌蒙山片区，根据我院与木里县、昭觉县、普格县、仪陇县、苍溪县、金川县、阿坝县、理县、屏山县、古蔺县及阿坝州、甘孜州、凉山州、乐山市签署的“农业科技＋精准脱贫战略合作协议”内容，着力建设特色农业产业科技示范基地、种子种苗繁育基地、农业科技实验站，并探索出一套科技支撑贫困地区农业产业发展的对口帮扶机制，助力精准扶贫、产业脱贫。三是积极推进对外合作，与荷兰、美国、加拿大等国家合作执行项目 3 项，新增项目 7 项，到位经费 171 万元，引进种质资源 520 份，荣获“国家引进国外智力成果示范推广基地”授牌。我院加入南亚东南亚农业科技创新联盟。接待外国专家学者来访 13 批、33 人，组织学术交流活动 12 次，派出科技人员 19 批、42 人（次）。积极响应国家“一带一路”建设，我院与罗马尼亚博斯克马 - 阿米哥有限公司开展羊肚菌高效栽培技术合作，派员赴罗马尼亚首次完成羊肚菌在国外的商业化栽培系统培训，示范面积 30 亩，为羊肚菌科技成果走出去奠定坚实基础。

科技产业发展态势趋好，科技服务水平全面提升。全院知识产权转让收入 1 200 万元。收集掌握 2016 年度全院知识产权情况，在院网站推介宣传部分适合推广的专利。筛选知识产权运营项目 27 个，报送省知识产权局备选及作为后续入库项目。院产业化周转金累计滚动周转使用 2 147 万元，滚动周转支持项目 45 个。院现代农业科学技术和产品产业化示范 2016 年度 11 个项目通过验收，2017 年度 9 个项目通过中期执行情况检查。全院与 224 家企业开展合作，转让实施许可新品种和专利，提供技术咨询和服务，接受委托研究项目，解决企业生产销售的问题。参展第五届成都国际都市现代农业博览会，接待观众 6 000 余人（次），发放宣传册 4 500 余份，充分展示我院优质、绿色、安全、特色科技成果。

（二十五）四川省畜牧科学研究院

1. 概况

四川省畜牧科学研究院是一所具有 80 余年悠久历史的公益性研究机构，是西南区域畜牧科技创新中心和人才培养基地。承担了国家重大科技支撑计划、863 计划、国家自然科学基金、国家农业产业技术体系、省畜禽育种攻关等基础和应用研究课题，在遗传育种、生物技术、饲料营养、疫病防控、健康养殖、生产系统等领域开展畜牧兽医新技术、新产品研究，培养畜牧兽医技术人才，推广现代畜牧生产技术。先后培育出大恒 699 肉鸡配套系、蜀宣花牛、川藏黑猪、简州大耳羊、南江黄羊、凉山州半细毛羊共 6 个国家审定的畜禽新品种（配套系）。取得 249 项科技成果，其中获部省级二等以上成果奖励 76 项。研发的畜禽新品种、新产品、新成果、新工艺推广覆盖全国 20 多个省（区），为发展畜牧经济和促进农民增收提供科技支撑。

2. 科研队伍

2017 年在保持原有省学术和技术带头人 11 人的基础上新增 2 人，新当选省有突出贡献的优秀专家 2 人。获得四川省青年科技奖 1 人。全院有 70 位高级职称专家，在科技人员中占比 46%，其中正高 37 名；硕士以上学位的有 89 人，在科技人员中占比 59%，其中博士 25 人，顶尖人才和高学历人员占比，在全省科研单位中名列前茅。在四川省农作物及畜禽育种攻关领导小组通报表扬的“十二五”省农作物及畜禽育种攻关成效显著的攻关单位（团队）和个人名单中：荣获“成效显著攻关单位”；院领衔的优质风味猪新品系创制与育种新方法研究攻关团队、肉鸡新品系选育攻关团队、养殖设备和环境控制技术集成与示范攻关团队荣获“成效显著攻关团队”；1 位专家荣获“贡献突出科研人员”；6 位专家荣获“成效显著科研人员”。

3. 科研项目

2017 年，申报各类项目 78 项，在研项目 200 项，完成项目验收 48 项。基础研究方面：鉴定出对猪肥育、胴体和肉质性能具有重要调控作用的功能基因 40 个；开展藏鸡、沐川乌骨鸡等地方鸡种资源评价及其特色基因的发掘，验证生物来源黑色素具有更好的生物学活性；牛无角性状相关编码区段的筛选及验证研究，首次证明 P219ID 序列具有牛角性状的控制作用；开展肉兔耐热性候选指标及关键调控基因 HSF1 的研究，得出直肠温度与耐热时间的关系。品种（配套系）培育方面：优质肉鸡选育筛选出性能优良的杂交组合 2 个，大恒 799 肉鸡配套系已批准中试，并开始第三方性能测定工作。优质风味黑猪开展新品系 S06 系的持续世代选育工作，黑色专门化父本新品系取得突破性进展。牛羊新品种选育，肥羔型黑山羊选育进入四世代；蜀宣花牛肉用性能开发，实现大理石花纹等级达到中国的 5 级，胴体等级达到日本的 A4 级。优质肉兔配套系已进入高世代选育阶段，完成 1 个性能测定点的测定。牧草新品种培育，创制出菊苣牧草新种质 1 份、杂交狼尾草新种质 5 份，申报牧草新品种 2 个。产业技术研究方面：研发集成了优质肉鸡育种信息智能化管理与分析系统、猪场设计手机 APP 系统、饲用苎麻鲜喂仔幼兔和繁殖兔的饲喂技术及不同阶段肉兔饲喂技术方案、安全高效肉猪养殖经济效益动态评价评估方法；研发组装鸡传染性喉气管炎病毒诊断试剂盒；建立肉牛全产业链信息资源共享平台；获得国家三类新兽药证书；猪、鸡、兔全环控技术研究，监测畜禽舍内环境参数的时空分布规律，提出四川省规模养殖场舍内环境控制指标，为全省乃至全国设施畜牧业的发展提供了基础参数。

4. 科研成果及转化

2017 年推荐申报科技成果奖励 5 项，获成果奖励 8 项。其中作为第一完成单位获得成果奖励 6 项，作为第二完成单位获得成果奖励 2 项。领衔的“优质肉鸡遗传育种创新团队”获 2016 — 2017 年度神农中华农业科技奖优秀创新团队奖。主持完成的“蜀宣花牛新品种培育及配套生产技术”“饲用有机微量元素产品创新研制与应用”成果分别获 2016—2017 年度神农中华农业科技奖一等奖、三等奖。全年获授权专利 17 件，其中发明专利 7 件，实用新型专利 9 件，外观设计专利 1 件；获软件著作权 13 项。发表论文 121 篇，其中 SCI 论文 39 篇，中文核心期刊论文 46 篇。制定地方标准 7 项。

以科研基地、专家服务站和贫困村科技帮扶点为载体，着力构建以科研院所为依托，集技术培训、服务、示范、推广为一体的公益性畜牧科技推广新模式，加快科技成果转化和应用。优质肉鸡研究基地全年扩繁“大恒 D99”等 12 个优质肉鸡品系 4.5 万套，在省内外推广父母代种鸡 30 万套。养猪科研基地，存栏科研种猪 570 余头，60 日龄成活率 84.37%，销售各类猪只 7 300 头，新增粪污处理设施设备，污水排放达到城市 A 级标准。养兔科研基地，面对商品肉兔市场行情较差，种兔场销售受到影响的不利局面，加大种兔推广力度，全年推广种兔 4 700 余只。

5. 条件平台建设

完成国家级肉鸡核心育种场现代种业提升改造建设，优质肉兔育种基地兔笼、兔舍、污道分离维修改造；启动四川省种猪性能测定中心和四川省级种公猪站建设、简阳科研实验基地迁建工作。获批成立了“成都饲用微量元素工程技术研究中心”。目前，我院国家及省级创新平台 23 个、科研基地 8 个（含在建 2 个和院属科技企业 3 家），正形成 1 中心（院本部为科技研发中心）+8 基地的科技创新布局。科研基地规模、设施设备的领先性和创新转化能力位居全国前列。

6. 试点改革

完善《科技创新绩效量化考核实施办法》等细则。完成 6 名（博士 1 名、硕士 5 名）畜牧学、兽医学等专业技术人员自主招聘。加强在院办科技型企业兼职及留职离岗创办联办企业科技人员的管理，加快成果转化应用。向科技厅、人社厅、农业厅上报专项改革试点进展情况。成立川东分院、成都分院、巴中分院，在打造新型开放式科技创新平台，加快年青科技人才培养、推动成果转化、促进产业发展和农民增收等方面功效显现。主持的《蜀宣花牛妊娠初期与发情周期相关激素变化规律研究》《蜀宣花牛无角新品系培育》获宣汉县激励农业科技人员创新创业奖励。

7. 科技交流

2017 年全院参加国内外学术交流会约 500 余人次，应邀作大会学术报告 25 人次。举办了四川省畜牧兽医学会第十次会员代表大会、“畜科杯”首届天府畜牧兽医科技奖颁奖大会，完成了四川省畜牧兽医学会第十届理事会换届工作。邀请国内外著名专家 3 人来院作学术报告。分别是英国农业食品和生物科学研究院（AFBI）反刍动物营养研究项目主任 Tianhai Yan 博士作的《精准养畜业及西欧农业绿色发展与食品安全》学术报告、省农业厅原厅长任永昌作的《当前农业、农村经济几个问题的思考》专题报告，以及四川省委农村工作委员会常务副主任杨秀彬作的《带头做好农业供给侧结构性改革这篇大文章 推动农业大省向农业强省跨越》专题报告。

8. 科技扶贫

采用精准扶贫与研发、培训、转化、培养相结合驱动农业产业扶贫，通过解决产业切入点、技术原始落后、启动资金问题的扶贫路径，使贫困村农业基础条件改善、农业生产技术提高、农业产业收入提升。一是精准扶贫与科技研发相结合。设立扶贫专项资金、主持扶贫地区产业支撑技术研发和示范项目、协助地方申报省级科技项目 3 类，共立 26 项。二是精准扶贫与科技培训相结合。采用集中培训、现场示范、入户指导方式，开展技术培训 150 余次，培训农牧民及基层技术员 7 200 余人次，发放技术资料 12 000 余册，现场讲解、入户指导约 300 场次，覆盖全省四大贫困地区，重点放在深度贫困县。三是精准扶贫与成果转化相结合。通过贫困地区科技示范、成果推广应用、辐射带动、转化应用院自主研发的新品种、新产品、新技术；种植业方面与农科院、林科院自主联合、成果互用、专家互帮。在雅江县、喜德县、丹巴县、道孚县等深度贫困县推广大恒肉鸡、川藏黑猪和蜀宣花牛，助力贫困地区农民脱贫增收。四是精准扶贫与人才培养相结合。培养新型职业农民和科技示范户，重点培养致富带头人，发挥示范带动作用。农业厅选派的驻村第一书记范景胜当选省第十一次党代会代表；驻村帮扶科技人员刘进远受到省委省政府表彰；汤文杰受到理塘县委表彰。

9. 科技产业

2017 年，聚焦畜牧业难点、热点问题，开展调研咨询。一是为迎接中央环保督查，派出 10 名专家，赴德阳市、绵阳市、眉山市和凉山州 28 个县区，采用明察暗访、查阅资料、座谈交流等方式，进行了为期 1 个月的畜禽养殖粪污资源化利用督查工作。重点聚焦省畜禽养殖粪污处理和利用中存在的关键问题，提方案，补漏洞，完成农业厅交办任务。二是为应对中央环境保护督察组对四川岷江、沱江等十大河流域畜禽养殖是否超载等提出的问题，协助相关部门科学回答了岷江、沱江等十大河流域畜禽养殖量及耕地畜禽粪便消纳能力。提出的不同种植模式单位面积耕地适宜承载力，被农业厅、环保厅采纳，为现代畜牧业绿色发展提供了科技支撑。

（二十六）贵州省农业科学院

1. 机构发展情况

贵州省农业科学院的前身——贵州省农事试验场始建于 1905 年，历经省农业改进所、省农业试验场、省综合农业试验站和省农业科学研究所几个阶段。目前，已发展成为拥有 18 个专业研究所的省级农业综合科研机构，涵盖粮、油、果、蔬、茶、桑、药、畜牧、兽医、水产、土壤、肥料、植物保护、农业科技信息等 50 余个专业领域。现有在职正高职称科技人员 114 人，副高职称 308 人，博士 93 人；享受国务院和省政府特殊津贴专家 41 人，省“十层次”创新型人才 1 人，省“百层次”创新人才 7 人；省核心专家 3 人、二级研究员 9 人，省管专家 16 人；贵州省最高科学技术奖励 2 人，创新人才团队 9 个。

2. 科研活动及成效情况

（1）科研立项经费支持稳步增长

获得国家及各部委、省、市各类项目立项 156 项，经费 13 079.3 万元。其中国家自然科学基金项目 12 项，合同经费 415 万元；国家重点研发计划项目经费 856 万元；中央引导地方科技专项经费 200 万元；农业部重点实验室学科群、现代农业产业技术体系等经费 2 005 万元；省级科技计划项目经费 6 981 万元；省农委动植物育种专项、产业技术体系等经费 739 万元；省财政厅省农委蔬菜、食用菌专项经费 813.5 万元；其他横向课题经费及合作经费 1 069.8 万元。

“安龙白及”有机认证基地一角

（2）科研条件

至 2017 年，全院共有国

层架式栽培红托竹荪

家种质改良中心贵州分中心 2 个；农业部新品种测试分中心 1 个、农业部重点学科群科学观测实验站 3 个、省级重点实验室 1 个、省级工程技术研究中心 17 个。以我院为依托单位的国家现代农业产业技术体系试验站共 22 个，岗位科学家 1 名。建有博士后工作站，2 个院士工作站和 1 个院士工作分站，聘请了袁隆平、刘旭、邓秀新、傅廷栋、陈焕春、向仲怀、荣廷昭、朱有勇、南志标等院士为驻站院士。在海南三亚和贵州兴义、惠水、关岭、独山等地建有科研试验和成果转化示范基地。

（3）科研进展及科技成果方面

2017 年，全院获得省部级奖励 11 项，其中省科学技术进步奖二等奖 2 项、三等奖 6 项，省科技成果转化奖二等奖 2 项，科技合作奖 1 项；省农业丰收奖一等奖 2 项、二等奖 1 项。

2017 年，全院共提出知识产权保护申请（已受理）87 件，获得授权 41 件，其中发明专利 12 件；省级以上审定品种 12 个、登记品种 18 个，获得品种保护权 5 项；获得软件著作权 1 项；发布标准 / 规程 12 项；发表论文 437 篇，其中 SCI 收录 50 篇，EI 收录 3 篇，核心期刊 243 篇，署名“贵州省农业科学院”的 81 篇。

组织实施的农业科技改革与创新服务园区食用菌、火龙果、薏苡、优质稻米和草地生态畜牧业产业 5 个产业项目取得初步成效。逐步成为农业产业科技创新和成果转化综合平台，为全省农业产业大扶贫、精准扶贫提供了可借鉴的模式。

运用无人机技术对省内 23 个县级行政区域的植被资源开展调查，完成植被调查航片和植物种采集工作。克隆主要牧草功能基因 20 个，解析其在逆境胁迫下的调控应答机制。

成功分离鉴定了茶白星病、轮斑病和炭疽病的病原，研究明确了对茶树相关病害具活性的植物源活性成分 3 种。开展了茶园废弃修剪枝及茶叶加工废弃物栽培食用菌循环利用研究；以茶叶功能成分多酚为原料，开展抗流感病毒活性研究、α- 葡萄糖苷酶抑制活性研究、生物质资源利用研究。

以药用植物、食用菌与作物种质资源的研究与开发应用为突破口，系统开展了农作物资源收集、保存、鉴定及作物基因资源发掘与评价、保护与利用和特色药用植物资源收集、品种选育等研究。

通过创新鲟鱼苗种培育技术和干法运输技术，以及对养殖设施、养殖及生产管理、病害防治等配套养殖技术进行深入研究集成，完成了由低水平、简单技术向国内先进、完整配套技术，由小范围科学试验向规模化生产性应用，由生产到理论的转化和提升，各项技术均得到了充分的熟化，形成了适合贵州省鲟鱼集约化高产养殖配套技术体系。

进行了优质稻种质资源的收集及品种选育，选育了一个水稻品质达国标 1 级的品种 T 香优 557，开展了红米、黑米等特色稻米的选育以及水稻优质精确栽培技术、优质高效栽培技术的大面积示范推广。

（4）学术交流及学科发展方面

进一步加强与国家农业部、中国热带农业科学院、中国农业科学院的科技合作与交流。一是通过选派科技骨干挂职、跟班学习等方式，与国家农业部、中国农业科学院和中国热带农业科学院科技管理部门建立紧密联系，促进我院全方位融入国家级研发及管理团队。二是

小型起垄机操作培训和现场指导

认真落实与中国热带农业科学院、省科技厅、黔西南州签订“四方合作”协议，共同向省科技厅申报 4 000 万元专项经费，进一步加强贵州省热区特色农业产业发展。三是先后邀请泰国皇太后大学 Kevin Hyde、中国工程院院士、浙江省农科院院长陈剑平研究员等国内相关领域专家到院作学术交流 14 场（次）。

马铃薯主食系列产品

(5) 科技扶贫

2017 年，全院选派 444 名科技特派员赴全省 53 个贫困县开展科技服务工作：一是新品种、新技术推广应用助力贫困地区农业产业发展。针对全省，尤其是重点贫困县产业科技需求，培育引进蔬菜、果树、粮油、中药材、牧草等新品种 100 余个，在望谟、大方、石阡等贫困县建立轻简化、高效生产示范基地 200 余个；推广示范茶叶绿色生态防控技术、山地生态畜牧业养殖技术及循环利用技术、高品质优质粮油生产技术、优质特色水果病虫及修枝整形技术、绿色生态蔬菜高效种植技术及无公害种植技术、中药材生产基地苗种繁育技术、生态畜牧业饲草基地建设及繁育技术等新技术 300 余项，重点服务园区、乡镇、企业、村组织及合作社 1 000 余个。二是积极培养农村实用人才，增强地方农业农村经济发展内生能力。联合深度贫困县农牧科技局、科学技术协会、乡镇农业技术服务中心，开展优质油菜、茶叶、蔬菜、中药材等粮油作物、经济作物的种植、加工等技术，畜禽养殖与疫病防控技术，绿色生态防控技术等农业技术培训 10 000 余人次。

(6) 科技成果转化推广情况

2017 年开展茶叶、蔬菜、油菜、水果等经济作物优良品种及先进技术示范推广 231.77 万亩；水稻、玉米、马铃薯等粮食作物优良品种及先进技术示范推广 196.53 万亩；开展草地畜牧业技术示范共 5.50 万亩和 17.82 万头（羽、只）开展水产健康养殖技术示范 241.50 万尾。为全省农业增效、农民增收和农村发展作出了积极贡献。

（二十七）云南省农业科学院

1. 机构发展情况

云南省农业科学院历史沿革可以追溯到 1912 年，有百年历史，当时民国政府在昆明创办了省农事试验场、在蒙自草坝成立现代农业试验所。1938 年，云南成立稻麦改进所和茶叶改进所。1940 年，省农事试验场并入稻麦改进所。1950 年，省政府组建了云南省农业试验站。1958 年，西南农业科学研究所与云南省农业试验站合并，成立云南省农业科学研究所。1976 年，撤销云南省农业科学研究所，成立云南省农业科学院。是省政府直接领导的多学科、综合性、公益性、社会性的唯一农业科研机构，是全省最大的农业科研机构，承担着云南省全局性、关键性、战略性重大农业科技问题的研究和创新任务。全院下设（粮食作物、经济作物、园艺、花卉、生物技术与种质资源、农业质量标准与检测、农业资源环境、农业经济与信息、药用植物、高山经济植物、热带亚热带经济作物、甘蔗、茶叶、蚕桑蜜蜂、热区生态农业、农产品加工、国际农业）17 个专业研究所。

全院在职职工 1 649 人，在职专业技术人员 1 300 多人。其中，全国“五一”劳动奖章获得者 3 人，省部级劳模 27 人，国家有突出贡献中青年专家、国务院政府特殊津贴专家 34 人，省有突出贡献中青年专家、省政府特殊津贴专家 49 人。云南省学术技术带头人和技术创新人才（含培养对象）136 人，全国农业科研杰出人才 3 人，引进高端科技人才（含海外高层人才、云岭高端外国专家）11 人，新世纪国家百千万人才 3 人，云南省科技领军人才 2 人，国家科技创新领军人才 1 人，“云岭学者”2 人。云南产业技术领军人才 17 人，1 人获何梁何利科学与技术创新奖，1 人获科技突出贡献奖，1 人获兴滇人才奖。

2. 科研活动及成效情况

引进 12 名院士专家合作设立院士工作站，院内 44 名专家获准设立 52 个专家基层工作站。省委联系专家 23 人，省级团队 14 个，农业部团队 3 个，目前，我院 10 名岗位科学家、22 名综合试验站站长在国家现代农业产业技术体系建设中发挥了重要作用；省体系建设中，我院参与 12 个体系，承担 9 个首席科学家、39 个岗位专家、1 个综合试验站的建设工作，截至 2017 年年底，全院共有国家级、省级科研平台 231 个。

2017 年，我院申请建设的国家观赏园艺工程技术中心通过科技部验收；云南省中药农

CIMMYT 玉米新品种选育

业工程技术研究中心、云南省茶学重点实验室获批建设；农产品质量安全与品质检测公共科技服务平台通过认定；花卉所与省科学技术院联合申报“云南省科学技术院智能植物工厂研发平台”项目获批，24 个新品种和 14 项技术被推介为省 2017 年主导品种和主推技术。

2017 年全院在研项目 848 项，新增专项合同经费 1.85 亿元，到位科技经费 1.85 亿元。以第一完成单位获省部级科技成果奖 19 项（其中二等奖以上 9 项），获奖成果占全省农业类获奖成果的 35%、种植业类获奖成果的 48.3%。在获得省部级奖项中“高产抗病广适小麦新品种国审‘云麦 53’的选育及应用”“CIMMYT 玉米资源种质创新和新品种选育及应用”获云南省科技进步一等奖；全年审定、登记农作物新品种 49 个、授权专利和植物新品种保护权 106 个、审定（发布）标准 12 项。在核心期刊发表论文 462 篇，其中 SCI、EI 收录 94 篇。出版专著 34 本。

2017 年共办理因公出国（境）团组 48 批 121 人次，共接待国外专家来访 38 批 228 人次。主动服务和融入国家“一带一路”建设，强化面向南亚、东南亚、西亚的农业科技国际合作，分别与埃塞俄比亚、法国等国家相关科研机构签订合作协议。成功举办南亚东南亚农业科技创新研讨会，同期召开了第八届大湄公河次区域农业科技交流合作组理事会和第三届中国 – 南亚农业科技交流合作组理事会，31 家国内外农业科研机构签字成立南亚东南亚农业科技创新联盟，成为中国、南亚东南亚农业科技合作交流的正式机制平台。获批 5 个省级引智示范推广基地。我院在大湄公河次区域农业科技合作中的主导地位、中国 – 南亚农业科技合作中的引领作用，主动服务融入国家“一带一路”倡议的能力、作用进一步彰显。

2017 年完成示范应用面积 2 418 万亩，培训基层农技人员及农民 10.3 万人次。以 11

低耗高效植物组培

个州市为重点，在产业优势区、石漠化区、藏区、贫困地区等区域，大力开展特色农业“极量、极值、极效、极品”核心示范，部署核心示范点 80 个、10 000 亩。在鲁甸县开展的杂交粳稻“云光 104”百亩示范平均产量 847.5kg，创下了当地百亩连片水稻高产纪录，比当地主栽品种增产 50% 以上。在个旧开展的杂交稻“超优千号”精确定量栽培技术百亩高产攻关样板亩产达到 1 073.15kg，实现在同一地区水稻精确定量栽培技术百亩样板连续 3 年实现 16t/hm^2 的高产目标。在耿马县开展的“云蔗 05-51”百亩连片旱地示范中平均单产达 9.2t，打破云南省旱地上的连片单产纪录；“云蔗 08-1609”在全国集成示范中，3 月蔗糖分达 21.01%, 成为全国蔗糖分最高的新品种。在嵩明基地组织实施新品种、新技术展示示范，取得良好成效。组织实施 2017 年国家农业综合开发省级集中科技示范推广项目 18 项，示范推广新品种 35 个，配套高产栽培技术 42 项。全年派出 230 人参与“三区”服务。

2017 年，深入学习贯彻习近平总书记精准扶贫、精准脱贫战略思想，扎实抓好省委、省政府下达的定点挂钩扶贫工作任务，汇集全院各方力量，主动融入全省脱贫攻坚主战场，创新扶贫思路和扶贫举措，以粮食作物提质增效、林下经济、种养结合等特色产业为重点，以培养专业合作社和技术技能培训为抓手，积极打造精准科技扶贫模式。全力做好院级挂包帮定点扶贫点景谷县凤山镇顺南村的帮扶工作。组织开展科技培训 13 期，培训当地农民 1 100 人次。加快推动茶叶初加工、生猪养殖、食用菌栽培为主导的农业产业发展。完成了 50 亩生态茶园的改造提升。支持种植合作社发展，帮助争取产业发展基金 20 万元。向合作社捐赠价值 7 万余元茶叶加工设备，帮助建设 3 个食用菌大棚，种植平菇、香菇和百灵芝共 3 400 棒，年收入达 3 万元。扎实推进人口较少民族、直过民族、藏区、边境地区等贫困地区的精准扶贫工作，完成与维西县、贡山县、怒江、香格里拉县等相关任务分解，部署大春核心展示面积 2 200 亩。

（二十八）西藏自治区农牧科学院

一、机构发展情况

2017 年 8 月，我院设立了农产品开发与食品科学研究所。2017 年 9 月，成立了西藏院士工作站管理办公室内设机构。

二、科研活动

（一）实施项目及成效

2017 年，我院紧紧围绕“青稞增产、牦牛育肥、人工种草”等重点领域科技支撑需求，进一步加大科技项目组织申报和立项实施力度，年度项目经费增长 20%，科研产出增长 25%，有力促进了农牧业增产增效和农牧民增收。

截至 2017 年年底，藏青 2000 在全区 7 个地市累计推广 340 多万亩，平均亩增产 25.5kg，新增粮食 8.67 万 t，新增产值 3.38 亿元；亩新增秸秆草 32.5kg，新增饲草 11.05 万 t，新增产值 1.11 亿元；合计新增产值 4.49 亿元。为 2015 年全区实现 100 万 t 粮食和粮食持续稳定增产发挥了重要作用，产生了显著的经济和社会效益

近年来，西藏自治区牦牛产业技术创新、成果转化、技术示范等方面取得了显著成效。首次对西藏 17 个地方牦牛类群（品种）进行遗传多样性分析，构建了中国牦牛 30 个品种和类群的基因库，筛选了与牦牛生长、产乳、产肉、抗逆等相关性状的关键基因 24 个，育种辅助分子遗传标记 36 个，并完成了测序及相关分析，筛选出遗传多样性分子标记 11 个。类乌齐牦牛遗传资源通过国家畜禽遗传资源委员会审定。在全区建立了牦牛选育和高效养殖科技示范基地 12 个，构建了牦牛本品种选育技术体系，海拔 4 750m 以上高海拔牧区母牦牛“一年一胎”率达到 68.6%。提取了不同区域、不同季节、不同模式的牦牛高效育肥技术，为促进西藏牦牛产业提质增效提供了强有力的科技支撑

实施科技项目 100 余项，新增主持重大科研任务 28 项，其中国家重点研发计划获批立项 2 项，牵头实施西藏自治区科技重大专项 3 项、自治区重点科技计划项目 23 项，争取了青稞、大宗蔬菜、绵（山）羊、藏鸡 4 个农业部现代农业产业技术体系岗位科学家和 14 个现代农业产业技术体系西藏综合试验站运行项目。申报实施自治区自然科学基金项目 13 项，基金项目经费总额 93 万元。获得自治区科技奖 4 项，其中一等奖 2 项，二等奖 2 项。本年度以第一作者或通讯作者共发表各类学术论文 180 篇、出版著作 4 部，获得授权专利 8 项，其中发明专利 6 项，取得软件著作权 1 项。共引进了 11 名硕士研究生，培养在职博士 3 名，博士后工作站进站 2 名、出站 1 名，推荐晋升二级研究员 2 名，评选三级研究员 4 名，新评选正高级研究员 7 名，副高级研究员 26 名。

（二十九）甘肃省农业科学院

1. 基本情况

甘肃省农业科学院始建于 1938 年，是甘肃省唯一的综合性省级农业科研机构。建院以来共取得各类成果 1 031 项，其中获国家级奖励成果 29 项、省部级奖励成果 334 项、国家授权专利 93 项，制定国家标准、地方标准 100 余项。

目前，管理机构设有党委办公室、院办公室、人事处、科研管理处、财务资产管理处、科技成果转化处、离退休职工管理处、基础设施建设办公室，另设有纪检委、院工会和后勤服务中心。下属研究所有作物研究所、马铃薯研究所、小麦研究所、旱地农业研究所、生物技术研究所、土壤肥料与节水农业研究所、蔬菜研究所、林果花卉研究所、植物保护研究所、农产品贮藏加工研究所、畜草与绿色农业研究所、农业质量标准与检测技术研究所、经济作物与啤酒原料研究所（加挂中药材研究所牌子）、农业经济与信息研究所等 14 个。在

全混合日粮（TMR）饲养技术研究

全省建有 22 个综合试验站、9 个农业部野外科学观测试验站，有国家胡麻改良中心甘肃分中心、中美草地畜牧业可持续发展研究中心等国家作物改良分中心和区域试验站等平台 7 个，省部级创新平台 17 个，院创新平台 20 个。

主要研究领域有农作物种质资源创新及新品种选育、主要农作物高产优质高效栽培、区域农业（旱作节水、生态环境建设）可持续发展、土壤肥料与节水农业、病虫草害灾变规律及综合控制、农业生物技术、林果花卉、农产品贮藏加工、设施农业、畜草品种改良、绿色农业、无公害农产品检验监测和现代农业发展、农业工程咨询设计等。

全院有职工 1 811 人，在职职工 889 人，其中有硕、博士 289 人，高级专业技术人才 266 人。入选国家“新世纪百千万人才工程”3 人、国家级优秀专家 3 人、省级优秀专家 13 人、省领军人才 39 人，享受国务院政府特殊津贴专家 37 人，省科技功臣 2 人、陇人骄子 2 人、国家现代农业产业技术体系首席科学家 1 人、岗位科学家 12 人、综合试验站站长 14 人；博士生导师 8 人、硕士生导师 42 人。

2.2017 年度科研活动及成效情况

上题立项再上新台阶。2017 年，全院共组织申报各类项目 400 余项，立项 240 项，新上项目合同经费达到 1.2 亿元，到位经费 9 921 万元。特别是我院以甘肃省农业科技创新联盟为平台提出的“甘肃省农业科技创新体系建设项目”，经过多次向省委省政府汇报，积极向省财政厅等主管部门衔接沟通，历时 1 年多，最终得到省委领导高度重视和多次批示，由省财政批复立项，5 年预算经费 1.8 亿元，开启了我院服务全省“三农”的新篇章。

项目执行能力得到加强。2017 年，全院共承担各类项目 479 项，投入科研经费 6 300 余万元，布设各类试验 2 230 项，在研项目取得了明显进展。一是推进甘肃省名特优农畜产品标识和智慧农业大数据平台建设；二是加强种质资源与新品种选育研究，育成小麦、玉米、马铃薯、谷子、春油菜、胡麻、棉花等作物新品种，以及辣椒、西瓜、花椒等果蔬新品种，在生产应用中表现突出；三是加强农业新技术研发与示范，为农业提质增效提供了支撑；四是加强农业新产品研发，开发出苹果玫瑰醋饮料及 5 个藜麦系列产品，研发出生物有机肥料和沙福地菌剂等科技新产品；五是智库咨询服务全面开展，第二部省级农业科技绿皮书《甘肃农业绿色发展研究报告》已出版发行。同时，围绕全省中东部旱情趋势、戈壁农业、控制氮肥用量等主题，以《甘肃农业科技智库要报》形式向省委省政府等报送咨询建议 5 份，全年各类意见建议获省领导批复 12 份次。

科研平台建设稳步推进。共组织申报条件建设项目 36 项，全部予以立项支持，首批投入资金 3 250 万元。

陇春系列春小麦新品种选育

科研产出成效明显。2017 年通过结题验收项目 91 项，组织推荐 2018 年国家科学技术奖 2 项。完成省级科技成果登记 65 项，通过甘肃省品种委员会审定品种 6 项。获得各类科技成果奖励 16 项，其中神农中华农业科技奖三等奖 1 项，省科技进步二等奖 5 项、三等奖 4 项，其他奖 6 项。获授权国家发明专利 6 项、实用新型专利 33 项，省发明专利二等奖 1 项、三等奖 1 项；获计算机软件著作权 5 项；颁布实施技术标准 8 项；在各类期刊发表学术论文 321 篇。

科技扶贫全面推进。以我院帮扶的镇原县方山乡 4 个深度贫困村的 518 户贫困户为帮扶对象，选派 110 名科技干部成立 4 个驻村帮扶工作队，综合施策，全力助推脱贫攻坚。截至 2017 年年底，已有 88 户 379 人达到脱贫标准。依托省农业综合开发项目，在全省 5 个县区的 22 个乡镇示范推广新成果 120 余项，培训农民万人次以上。开展“三百”增产增收科技行动项目 21 项，与 24 个国家现代农业产业技术体系项目深入对接，加速科技成果在贫困地区的示范推广，累计示范面积 110 万亩，新增效益 3.6 亿多元。

科技成果转化呈现新局面。坚持公益类科技推广和商业性成果转化双轮驱动，科技成果转化收入达到 1000 万元，较 2016 年翻了一番，成效显著。

（三十）青海省农林科学院

2017 年我院立足青海高原特色现代农林业发展方向，聚焦产业发展重大、难点问题，开展科学研究并取得了可喜的成果，为推动青海经济建设及高原现代农业发展提供了有力的科技支撑。

1. 科研课题数实现了新的增长

2017 年全年新立项科研项目 52 项，较 2016 年增长 30%，其中国家级项目占 23%，省级项目占 50%，平台建设项目占 23%。年度到账科研总经费 5 780 万元，较 2016 年增长了 26%，人均经费达 27 万元。

2. 科学研究取得重要进展

部分科研项目取得了突破性进展：一是春油菜研究综合应用细胞学、基因定位、转录组等技术，在黄籽、有限花序、雌雄不育等基因定位与功能研究方面取得新突破，为深入解析春油菜优异基因的遗传机理奠定了良好基础；二是植物保护研究在农药残留检测过程中通过前处理方法和色谱条件的技术创新与改革，促进了农药残留检测分析的时效性和精确性，为农药残留检测在青海地区应用奠定了扎实的理论基础；三是“粮草双高青稞新品种选育及产业化”项目，选育出青海省第一个通过国家鉴定的青稞新品种“昆仑 14 号”，首次提出以“促蘖增穗”为核心的粮草双高栽培技术模式，首次构建青稞加工适宜性评价体系，第一次完成全国最大的有机青稞基地认证，为青稞产业“转方式、调结构”提供了技术支撑；四是“青海省有机肥产品开发及推广应用”项目，系统研究了青海省有机肥产业化生产技术，攻克了气候冷凉不能周年生产的技术难题，研制出具有自主知识产权有机肥新产品 6 个，新建和改建有机肥生产线 13 条，年产能力达到 48 万 t，推动了青海省有机肥产业的技术进步以及产业整体竞争力的提升。

有机肥产品

3. 科研条件大幅度改善

获准建设农业部基础性长期性科学观测站基准站 1 个、标准站 1 个；国家绿肥产业技术体系西宁综合试验站 1 个。

购置仪器设备 47 台套，价值 1 612 万元，其中，新增步入式植物生长箱、可见光分光光度计、顺序注射原子荧光光度计、凝胶成像系统等 10 万元以上大型仪器设备 4 台；多方筹措投入科研基础条件及设备改造经费 3 800 万元，新建的作物遗传育种实验楼即将竣工，“分析测试中心科技基础条件建设”和“高原特色农业农药残留与环境行为毒理监测检测平台建设”项目正在实施，预计于 2018 年投入使用。

4. 科技产出进一步增加

科技产出进一步提高，全年取得各类科研成果 54 项，较 2016 年增加 33%。荣获中国政府友谊奖 1 项、神农中华农业科技奖二等奖 1 项、科普类成果奖 1 项、全国首届沙产业创业创新大赛优秀奖 1 项、青海省科技国际合作奖 1 项、省科技进步二等奖 1 项、三等奖 2 项、2017 中国地理信息产业优秀工程银奖 1 项；获专利授权 1 项；出版专著 1 部；发表 SCI、EI、ISTP 论文 11 篇，较 2016 年提高了 1 倍。

青海省科学技术奖励

证　书

为表彰青海省科学技术进步奖获得者，特颁发此证书。

项目名称：粮草双高青稞新品种选育及产业化

获奖等级：二等奖

获奖单位：青海大学农林科学院（青海省农林科学院）

获奖编号：2017-KJJB-2-6-D01

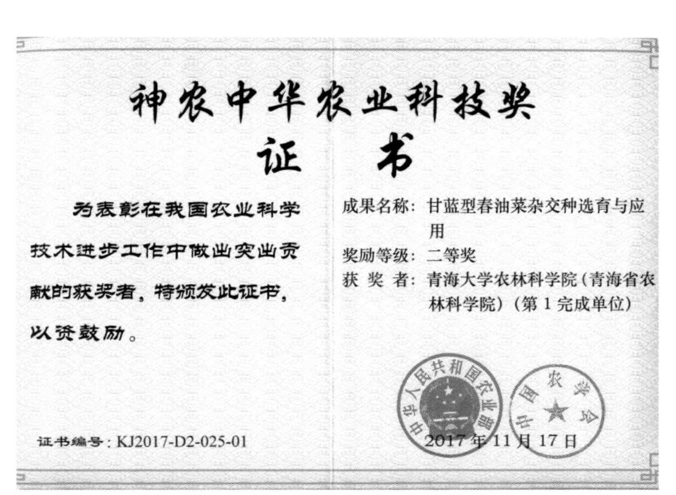

神农中华农业科技奖

证　书

为表彰在我国农业科学技术进步工作中做出突出贡献的获奖者，特颁发此证书，以资鼓励。

成果名称：甘蓝型春油菜杂交种选育与应用

奖励等级：二等奖

获 奖 者：青海大学农林科学院（青海省农林科学院）（第 1 完成单位）

证书编号：KJ2017-D2-025-01

2017 年 11 月 17 日

2017 二等奖粮草双高青稞新品种选育及产业化

5. 学科建设不断加强

高度重视学科建设，启动三江源生态一流学科“高原农业种质资源创新与利用”；新增农业资源与环境一级硕士学位点；新招外国留学生 1 名，实现了研究生培养走向国际化。目前，在读博士研究生 17 名、硕士研究生 31 名。

6. 科技扶贫和成果转化与推广成效显著

依托先进实用的科技成果，借助青海省农牧业五大科技创新平台及青海昆仑种业集团公司的转化机制，与全省 20 余个重点县区建立对接关系，主推品种 53 个，推广技术 47 项，新技术集成示范 32 项，农业区覆盖面积 80% 以上，示范推广春油菜、青稞、马铃薯、蚕豆及蔬菜新品种 1 010 万亩以上。累计培训技术人员和农民达 2 500 余人次。组织科技人员下乡开展宣传咨询 25 场次，培训农民 1 800 余人。实现了科研成果有效转化和促进全省农林业生产发展的双赢。

青杂 3 号高产示范田

在积极推广新品种新技术，促进青海省农业增效、农民增收和脱贫的同时，高度重视帮扶地农民脱贫致富，结合帮扶对象的实际情况，充分利用当地自然生态条件和我院科研人才优势，帮助制定了“两豆一花，一禽一畜”的产业结构模式，为帮扶地提供适宜的优良品种和优质化肥及畜禽种苗，帮助实施玫瑰花生态产业链项目，2 000 多株玫瑰苗、200 株大接杏已栽植成功，40% 的玫瑰苗陆续开花，杏树即将挂果。

青薯 9 号开花期

（三十一）宁夏回族自治区农林科学院

1. 机构情况

（1）机构编制

宁夏回族自治区农林科学院（以下简称宁夏农林科学院）设 8 个职能处（室）及机关党委、11 个公益性研究机构。另外，还有 4 个国有独资企业，2 个股份制企业及院服务中心。

8 个职能处（室）分别为办公室、纪律检查委员会（与监察审计处合署办公）、科研处、科技成果转化与推广处、对外科技合作与交流处、人事处、计划财务处、离退休职工服务处。

11 个公益性研究机构分别为宁夏农林科学院动物科学研究所、宁夏农林科学院枸杞工程技术研究所、宁夏农林科学院荒漠化治理研究所、宁夏农林科学院农业生物技术研究中心、宁夏农林科学院农业经济与信息技术研究所、宁夏农林科学院植物保护研究所、宁夏农产品质量标准与检测技术研究所、宁夏农林科学院种质资源研究所、宁夏农林科学院农业资源与环境研究所、宁夏农林科学院农作物研究所、宁夏农林科学院固原分院。

全院共核定全额预算事业编制 523 名，其中机关 50 名，事业单位 473 名。核定正厅级干部职数 2 名，副厅级干部职数 4 名；机关正处级干部职数 8 名，副处级干部职数 12 名；正科级干部职数 4 名。院属事业单位正处级干部职数 12 名，副处级干部职数 24 名；内设科级机构 63 个；正科级领导干部职数 63 名、副科级干部职数 69 名。

2 个股份制企业分别为宁夏农林科学院畜牧兽医研究所（有限公司）和宁夏农林科学院枸杞研究所（有限公司）。

4 个国有独资企业分别为宁夏农林科学院园艺研究所、宁夏农林科学院银北盐碱土改良试验站、宁夏科苑农业高新技术开发有限责任公司和宁夏科泰种业有限公司。

院服务中心参照事业单位管理。

（2）干部配备及人员情况

① 干部配备情况

目前，全院事业单位配备厅级干部 6 人，其中正厅级 1 名；处级干部 56 人，其中正处级干部 20 人，副处级干部 36 人；科级干部 119 人，其中正科级干部 60 人，副科级干部 59 人。科技企业和服务中心有正职领导干部 11 人，副职领导干部 9 人。

② 人员基本情况

全院共有职工 2 044 人，其中，在职职工 860 人、离退休职工 1 184 人。在职职工中，事业单位 482 人，转制科技企业 346 人，服务中心 32 人。

事业编制人员中，有正高级职称 96 人，其中正高二级 10 人；副高职称 164 人；博士 30 人，硕士 242 人；入选“百千万人才工程”5 人，自治区“313 人才工程”20 人，自治区国内引才“312 计划”3 人，自治区“塞上英才”2 人；享受国务院、自治区政府特殊津贴专家 19 人；院一、二级学科带头人 36 人；自治区科技创新奖获得者 3 人；自治区特色产业首席专家 9 人；高校特聘研究生导师 15 人。

2. 科研活动及成效情况

（1）科研立项

申报国家及自治区各类项目 188 项，获批 90 项，其中国家级项目（课题）23 项，到位科研经费 9 930 万元。

（2）重要研究进展

组织实施科研项目 414 项。包括国家重点研发计划项目（课题）、公益性行业专项项目（课题）16 项，国家自然科学基金项目 25 项，国家现代农业产业技术体系岗位专家试验站、农产品质量监测专项等 20 项，自治区重点研发计划项目（课题）、自然科学基金等项目 108 项，农牧厅、林业厅、环保局、农发办等厅局下达的项目（课题）32 项，一二三产业融合发展科技创新示范项目 12 个，宁夏农林科学院科技创新先导资金项目（课题）和农业科技基础资源创新项目 84 项。各项目紧紧围绕农业“转方式、调结构”和“1+4”产业发展需求，协同开展基础研究、共性关键技术研发和技术集成创新示范，取得了阶段性成效。

在中卫市香山乡红圈子村开展压砂地西瓜不同嫁接砧木品种的筛选试验

① 重大育种专项取得阶段性进展

新引小麦种质资源 736 份，新入库资源 162 份，杂交后代材料 2 800 份，配制杂交组合 1 000 份；种植冬小麦亲本及后代材料共 13 049 份。参加宁夏春小麦预试新品系 7 个，国家区试新品系 1 个，宁冬 18 号和宁春 55 号通过自治区品种审定，早熟优质新材料 H3014 获国家植物新品种保护权。宁春 50 号、宁春 55 号新品种耕播一体化匀播与滴灌水肥一体化新技术示范区平均亩产 643.1kg，创2017年宁夏春小麦最高纪录。宁粳48号保墒旱直播栽培亩产达到835.9kg/亩，再次刷新银北地区水稻单产纪录，单产创宁夏直播水稻产量历史新高。编制了《宁夏农林科学院制（修）订枸杞标准汇编》。收集滩羊优良资源1 000只，肉裘兼用品系核心群母羊存栏3 000只，应用680K高密度芯片构建了滩羊CNRV图谱。

缓控释肥和农机农艺相融合的侧条施肥技术得到广泛应用

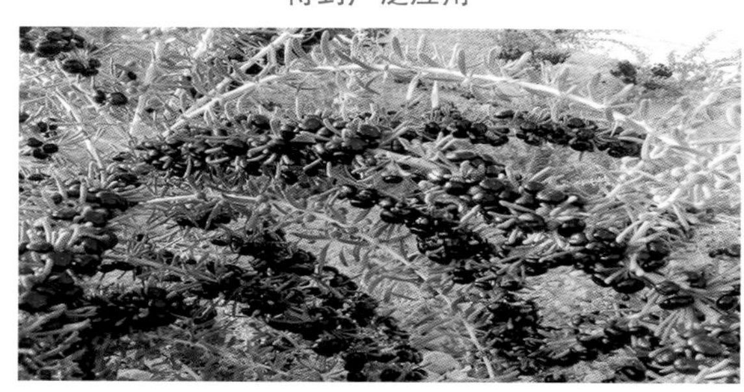

优选枸杞黑果新优系

② 全产业链创新示范项目顺利推进

聚焦优质粮食、马铃薯、草畜、枸杞、葡萄、瓜菜等特色优势产业发展和生态建设，推进12个一二三产业融合发展科技创新示范项目实施，以农业结构调整、农机农艺融合、耕地质量提升、农业废弃物资源化利用、循环农业发展、物联网技术应用等为重点，建立35个示范园区，统筹衔接基础研究、重大关键与共性技术研发、集成创新示范3个层次，取得了初步成效。

（3）创新成果

取得科技成果41项，通过自治区审定品种4个，获得植物新品种保护权6个，申请专利73件，授权专利32件、软件著作权7件，制（修）定地方标准64项。组织申报自治区科技进步奖17项，获三等奖7项。

玉米籽粒直收暨新品种展示观摩会

（4）创新平台建设

承担了作物种质资源、土壤质量、农业环境、畜禽养殖等11项观测监测任务，启动实施了部分基础性长期性监测工作。国家中药材产业技术体系中卫综合试验站和宁夏农业有机合成工程技术研究中心获批组建。获批自治区基础条件建设项目3项，获批中央引导地方科技发展专项3项，获资助经费835万元。

（5）成果转化推广情况

编印推介实用技术成果80项，争取纳入自治区主导品种和主推技术向全区推广。签订技术服务合作协议39项，转让新品种22项，获得转化和服务收益492万元。集成示范新品种、新技术、新产品148项。核心示范面积23万亩，辐射面积210万亩。举办各类实用技术培训340场（次），培训2.6万人（次）。

（三十二）新疆维吾尔自治区农业科学院

新疆维吾尔自治区农业科学院创建于 1955 年，是直属于自治区人民政府的综合性农业科研事业单位。全院现有粮食作物研究所、经济作物研究所、园艺作物研究所等 17 个研究所（中心）、1 个分院（伊犁分院），10 个试验场站。在职职工 968 人，其中专业技术人员 816 人，正高级职称 124 人、副高级职称 314 人、硕士及以上学位 440 人，博士 66 人，中国工程院院士 1 名，国家级有突出贡献专家 7 名，享受政府特殊津贴专家 54 名，国家级“百千万人才”6 名，自治区优秀专家 51 人次。

2017 年度，全院在研课题 612 项，其中国家级项目 215 项，自治区级项目 245 项；新上项目 215 项，全院到位经费 1.4392 亿元；完成项目验收 91 项，鉴定成果 5 项，其中 2 项达到国际先进水平；以第一完成单位获得各种成果奖励 13 项，其中，国家科学技术进步奖二等奖 1 项，省部级二等奖以上 8 项；全年审（认）定新品种 29 个；获得植物新品种权 4 个；获得专利授权 74 件，其中发明专利 31 件、实用新型专利 43 件；获得软件著作权 34

院党委书记朱政半年科研工作检查

项；申报地方标准 65 项，获批 44 项，发布 28 项；发表学术论文 205 篇，其中 SCI/EI 收录 30 篇。

目前，全院有 31 人进入国家现代农业产业技术体系，建有国家现代农业科技示范区、国家棉花工程技术研究中心、国家野外观测站、国家果树种质资源圃、农业部重点实验室、农业部农产品质量安全风险评估实验室、自治区重点实验室、农业部质检中心、农业部棉花、甜菜、大麦改良分中心，科技部国际科技合作基地、国际玉米小麦改良中心（CIMMYT）新疆小麦试验站、自治区育种家基地、海南三亚农作物育种试验中心等国家、部委、自治区各类科技平台 112 个。

在学科发展方面，全院围绕新疆现代农业发展技术需求，结合产业发展趋势、学科发展前沿，在现有学科体系的基础上，进一步完善、凝练和调整专业发展重点领域和研究方向，优化学科结构与力量布局，提高学科体系的系统性和先进性，改变一些学科分散、重置的现象。重点在作物种质资源、作物遗传育种、农业生物技术、作物栽培与耕作、园艺与瓜果学、农业资源与生态环境、生物质能源、植物保护、农牧业机械与装备、农产品贮藏与加工、农产品质量安全、微生物资源与利用、农业信息与农业经济 13 个重点学科、40 个专业和 73 个研究方向上持续强化科技创新，系统部署重点研发任务，汇聚学科队伍，培养创新人才，构建高端平台。

陈彤院长扶贫工作检查

巴旦姆高产示范园

在重要科研进展方面：全年共审定自育新品种 24 个，筛选出一批特性突出、有育种价值的种质资源，育成一批优质专用抗逆超高产新品种，高产、适应性强的春小麦品系 1 142，最高亩产达 547kg；收集国内外各类农作物种质资源 2 252 份，繁殖更新新疆农作物种质资源库资源 316 份；水稻机械精量旱穴播种高产示范再创全国纪录，百亩连片平均亩产达 1 069.9kg；证实利用 Cas9 基因编辑和自交剔除技术，可大幅缩短番茄品种改良转育周期，筛选出与低温胁迫相关的基因 3 个，建立了籽用西瓜 ISSR 标记遗传图谱；从藏红花中分离出糖基转移酶基因，完成基因改造；开发出 3 种适合新疆农作物生长和种植模式的改良性降解地膜；明确了牧草盲蝽自然迁移能力及季节性转移规律；筛选出对脐腹小蠹雌虫触角具有电生理反应的杏树挥发物 17 种；确定“香梨枯梢病”是由噬淀粉欧文氏菌引起；研制出哈密瓜差压预冷新装置和枸杞、草莓全热交换新装置；确定了新疆日光温室储煤式热风炉、热风炉自动加煤机的性能指标、设计参数和加工工艺要求；构建了农药、重金属等关键危害因子的监测技术体系及风险评估体系。

全年我院在全疆示范推广各类作物品种（系）119 个，各类综合栽培技术 80 余项，品种及技术示范推广 4 599.5 万亩，示范推广各类机械设备 535 台（套）。举办各类科技培训班 930 余场次（不包括“访惠聚”培训），培训基层专业技术人员和农民 14.2 万人次，发放各类技术宣传资料 5.4 万份；为 220 个厅局委办所在的南疆四地州 32 个县市的 742 个“访惠聚”驻村工作队开展了 1 381 场次的实用技术培训和主题宣讲，累计培训村民和各级干部、技术人员 32.08 万人次，发放技术资料 5.74 万余份；筹措资金 300 余万元，争取惠民项目 41 项 2 000 余万元，对我院对口扶贫村疏勒县库木西力克乡 9 村、15 村实施精准脱贫和科技惠民工程，通过帮助做好农作物的生产管理，带动农民增收。

（三十三）新疆维吾尔自治区农垦科学院

1. 科研成效

2017 年，全院共执行各类科技计划项目 170 项，在研项目合同经费 8 000 万元。获授权专利 64 项，其中，已授权发明专利 28 项；全年发表科技论文 156 篇，出版专著 8 部。推荐申报国家科技进步奖 1 项、兵团科技进步奖 9 项。

2017 年，农业部区域性重点实验室“农业部西北内陆区棉花生物学与遗传育种重点实验室”和农业部“果品干制加工技术集成科研基地（西北）建设项目”和“新疆棉花全程机械化科研基地建设项目”完成初步设计专家论证，进入实施阶段。省部共建绵羊遗传改良与健康养殖国家重点实验室投入 270 万元完善实验基地改建和仪器设备配置。筹备并召开了“中国农垦节水农业产业技术联盟成立大会”，邀请全国 22 个垦区和 7 个地方企业的 174 个单位加入联盟。

机采棉脱叶棉田

气雾免疫现场

2017 年，全院 31 个“专家服务团队”赴兵团 40 余个团场和地方 6 个地州开展科技扶贫服务。示范推广各类作物品种 62 个、综合栽培技术 46 项，示范推广面积 120 余万亩。制订农牧业生产技术操作规程 33 项。在南疆建立科技示范基地 2 个。举办培训班、田管现场会 117 场，培训科技示范户 173 户、技术骨干 198 名。

2. 重要研究进展

（1）兵团机采棉提质增效关键技术研究与集成示范

项目组在北疆六师、七师、八师及南疆一师开展了机采棉品种筛选试验，筛选出了适宜机采的棉花新品种 4 个并建立了原种繁育基地，各品种累计进行原种扩繁 900 亩；通过对固定棉田地表残膜从播种前至采收后进行了跟踪监测，对机采和转运现场进行全程监测，得出机采籽棉中残膜混入的途径和方式，制定技术作业规程 1 项；在南北疆棉花主栽区建立示范区 4 个，示范面积达 82.44 万亩。

（2）羊布鲁氏菌气雾免疫装置研发与应用

液体肥

课题组设计组装出 2 套密闭式羊布鲁氏菌气雾免疫装置并进行了推广应用。完成一个免疫、消毒过程仅需 10 分钟，操作仅需 1~2 人。在免疫过程中，人与畜相对隔绝，大大提高了免疫的安全性。2017 年 4—10 月，分区布点实施免疫工作，免疫羊群 5 万多只，免疫效率平

地膜回收及秸秆粉碎还田机

均 300 只 /h，免疫覆盖率 80% 以上。目前该装置工艺设计及免疫效果得到了行业内外专家的认可，认为特别符合当前布鲁氏菌病免疫需求，值得推广应用。

（3）有机生物型功能水溶肥的研制与应用

课题组以酵母废液为有机原料，与氮、磷、钾、微量元素复合，并添加了促生防病的微生物菌剂，研制出一种有机液体水溶肥料产品，产品质量指标：有机质 10%，氮磷钾含量 20%，微量元素含量 0.1%；2017 年进行了中试生产，生产棉花专用有机液体肥料 2 400t，示范面积 15 000 亩，平均实收单产 419kg，比对照增产 10.3%，效果显著；制定有机水溶肥料产品企业标准 1 项。有机液体肥是今后农业发展的方向和趋势，水肥一体化应用省事、省工、可实现智能化，不但可以提高肥料利用率和作物产量，降低化肥用量、减少土壤污染，还能提高作物品质、改良土壤、提高土壤肥力，实现农业可持续发展。

（四）地膜回收与秸秆粉碎还田联合作业机的应用示范

该机具结构配置紧凑合理，解决秸秆粉碎还田与地膜回收难以协调作业的难题，实现联合作业机持续长距离作业和定点卸膜，便于集中处理，为开展农田地膜污染治理提供装备支撑和技术积累，利于本地区农业健康持续发展。该机具可适应棉花、玉米等作物种植区的残膜回收与秸秆还田。该机具通过新疆维吾尔自治区农牧业机械产品质量监督管理局及新疆生产建设兵团农机鉴定站检测，棉秆粉碎长度合格率≥ 92.5%；当年地膜回收率可达 86%；作业速度为 4.0 ～ 6.0km/h；可靠性达到 99%，用户满意度达到 84%。先后获得自治区农牧业机械管理局颁发的半悬挂式和牵引式残膜回收与秸秆粉碎联合作业机“农业机械推广许可证”，并进入农机购置补贴目录，累计推广应用联合作业机 100 余台。